从素人变女神

艾丽丝　著

中国民族文化出版社
北　京

图书在版编目（CIP）数据

从素人变女神 / 艾丽丝著. —北京：中国民族文化出版社有限公司，2020.5

ISBN 978-7-5122-1344-9

Ⅰ. ①从… Ⅱ. ①艾… Ⅲ. ①女性－化妆－基本知识 Ⅳ. ①TS974.12

中国版本图书馆CIP数据核字（2020）第046619号

从素人变女神

作　　者：艾丽丝
责任编辑：陈　馨　张嘉林
执行编辑：牟伟华
装帧设计：水长流文化发展有限公司
出　　版：中国民族文化出版社
地　　址：北京市东城区和平里北街14号（100013）
发　　行：010-64211754　84250639
印　　刷：小森印刷（北京）有限公司
开　　本：787mm × 1092mm　1/16开
印　　张：12
字　　数：150千字
版　　次：2020年5月第1版第1次印刷
书　　号：ISBN 978-7-5122-1344-9
定　　价：59.80元

“最强的美丽推手”

终于出书了!

推荐序

大馒大力 / 大 力

我从 Alice 老师那儿学到太多专业的彩妆技巧。本来我对彩妆只是一知半解，但 Alice 老师的一次彩妆课，开启了我对化妆的热爱。原来彩妆有那么多的小技巧，只要在细微处琢磨一下，整个彩妆质感马上大提升。这些技巧 Alice 老师完全不私藏地分享出来，让我们自己动手也可以画得美美的，你们说，这本书怎么可能不珍藏？绝对要带回家研读好几遍，直到纸张都翻皱为止（笑）。

大馒大力 / 大 馒

恭喜“仙女制造机”Alice 出书了！终于等到了这本宝典，迫不及待地开始拜读，一定能从这本书中领悟到第一神手的技巧秘密，爱美者必读！其实我也很担忧，她出书之后，我需要她时却约不到怎么办？她真的是世界上最会变出仙女的彩妆师了，你们别来跟我抢（大笑）！

Goris, Sky

认识 Alice 好多年了。在我生病期间，她总是给我满满的关怀和最大的鼓励！对我来说，彩妆师最厉害的不是将本来很美的人画美，而是让所有人都能通过彩妆变美，Alice 就有这样的神奇魔力，让人想从她身上学习更多彩妆技术。

Nancy

Alice 最大的才能，就是能让你看到一个与以往不一样、更美的自己！她好像拥有魔法，当她挥挥手中的刷具帮你化妆，睁开眼，你就会为自己着迷！千万不要错过这本书，拥有它，你离成为“仙女”就更近一步了。

让别人给自己化妆，最担心完妆后变得不像自己，但 Alice 化的妆不但能凸显个人五官特色，而且手法轻柔细腻。透亮无瑕的底妆，搭配轮廓立体的眼妆，总能完美地呈现出最精致的自己。

花猴爱败家

田以熙

神手 Alice 终于要出书了！她第一次为我化妆，我就被惊艳到。后来报名上她的彩妆课，发现她完全不私藏，不怕学不到，只怕不练习。如果你爱彩妆、爱化妆，Alice 的书请一定要认真看完每一页。Alice 请答应我，出书后也要常常找我当模特好吗？（图中妆容出自 Alice 之手。）

“变脸神手”“神仙教母”……这些都不足以形容 Alice 的化妆造型技巧。比起高超的技术，我更喜欢她细腻的观察和手法，针对不同的脸形与五官，打造独一无二的妆容。

佩姬

Alice 的化妆，能让我发现不一样的自己。相信看完这本书一定能学到很多小技巧，化出更精致的妆容，期待做更美好的自己。

爱吉赛儿

Dorothy Theater

这是一本彩妆教科书，看完后，手机里的美图软件可以放心地删光喽！

小草莓小姐

每次请 Alice 为我化妆，总有滔滔不绝的彩妆话题聊。我最喜欢在她的化妆箱里寻宝，没想到这些必买好物通通在这本书中被她公开了。想知道她每次帮我化完都受到好评的妆容是怎么化的，熟读这本书就对了！

MOMOCO 毛毛抠

认识 Alice 已经五六年了，从她第一次帮我化妆时，我就发现：奇怪，明明是一样的彩妆，怎么别的化妆师化出来的效果会差这么多！她常常把我从路人变成明星，让我舍不得卸妆！总之，这本女神宝典一定要拥有！不需要整形，靠化妆就可以拥有深邃大眼和光泽肌了。

自序：想让每个人都变美，因为你值得！

这是一本什么样的彩妆书呢？

我将它定义为一本能陪伴你日常生活的化妆书。希望在你的日常生活中，无论是工作、参加活动或聚会，还是只想简单上妆时，它都能派上用场。在我的彩妆课上，我遇到过不少这样的女孩：她们想学化妆，但因为美妆信息量过大，自己又没有时间或精力整理、筛选、吸收合适的有效信息，因此不知道从何开始。所以本书的主要内容就是教大家掌握日常妆容的重点。

为了让女孩们展现多变的妆容，我在讲解时会变化不同的风格与色彩，稍微偏离大家惯用的大地色。但是在示范单元中，你仍然可以按照上妆顺序，选择自己喜爱的颜色或不同的彩妆，而我提到的化妆概念与彩妆位置才是最重要的。所以建议大家最好先看完本书，再调整日常的化妆习惯，试着多加练习。

从开始学习化妆，我的目标就是想让每个人都变美。现在十年过去了，在推广彩妆这条路上，我依旧初衷不改。化妆带给我的快乐实在太多了，多到能让我在教学与造型领域分享这份满溢的热情。

自从学习了彩妆，我才惊觉，自己的扁平脸竟然也可以有这么多种变化，甚至还能被别人称赞“漂亮”。是的，就连这种虚荣的小确幸，也能令我充满动

力。当我聊起彩妆时，眼神中会透出光彩，从心底散发出的喜爱之情，会形成具有正能量的感染力，从而影响他人。彩妆在我身上施展的魔法，让我确信每个女孩都可以因其变得更美好——经过化妆的修饰，调整了自己在意的小缺点后，女孩们会因此变得更勇敢、更自信。自信的女生会散发出光芒，吸引旁人的目光！

每个人的容貌都是独一无二的，每个人需要展现的优点也不相同。经过多年的彩妆实践与经验累积，精确判断并化出令人自在又合适的妆容成为我的专长。在本书中，我将我的彩妆经验与诀窍完全公开，让所有女生都能快速掌握令妆容散发光彩的关键，画出让自己满意的妆容，并展现独特优势。我保证，这次你绝对能做到！

书里所使用的彩妆品都是我教课或上妆时经常使用的产品，所以大家会看到使用的痕迹。彩妆不一定要买很多产品才能化得好（虽然我自己也是彩妆购物狂），懂得运用方法和上妆重点后，充分运用手边已有的彩妆品，也能玩出新体验。

感谢陪伴我完成这本书的女孩们，谢谢你们参与本书的拍摄或在课堂上当我的示范模特——小草莓、哈妮、毛毛抠、Nancy、田以熙、小桃、佩姬和九咪，与我共同完成了妆前、妆后的变身示范。此外，还要谢谢摄影师与造型团队的伙伴们，因为你们的绝佳配合，满足了我对妆容色彩的完美要求，才会有一本这么好看的彩妆书。

希望这本书能写进每个女生的心里，为想学化妆的女孩先描绘一个完整的轮廓，让大家觉得化妆是有趣的，引发大家的兴趣，再进一步探索更有趣的化妆方式与不同风格。

那么，接下来就放松心情，开始阅读这本书吧！

CONTENTS

目　录

Chapter 01 化好妆就能改变人生

CONTENTS

Chapter 02 底妆的技巧，零瑕光泽肌的小秘密

Chapter 03 改变眼妆技巧，就有整型效果

CONTENTS

Chapter 04 绝对漂亮的主题妆

不用追流行，无须繁复的技巧，

找出让自己闪亮的优点，掌握优雅、漂亮且个性的美妆技巧！

Chapter 01

化好妆
就能改变人生

化妆能改变气场，更能改变人生！

化出质感美妆，等于告诉别人："我准备好了！"

从平凡到惊艳，在于恰到好处的彩妆力，

从素人变女神，任何人都能化出最漂亮的自己。

不用追流行，无须繁复的技巧，

找出让自己闪亮的优点，

这是网红与博客御用美妆师的独家秘技。

当你可以变美后，就绝对回不去了！

Rule 01

化个质感好妆无关年龄，而是女人要有的本事

女孩们一定要学会的两件事：

就是有品位和让自己光芒四射！

“拥有让人舍不得卸妆的化妆魔法！”

这是我的彩妆课的终极教学目标！与其说课上教授的化妆技巧是一种技术学习，倒不如说是让人们看见优点放大后更闪亮自己的“魔法”，每次为女孩们示范完彩妆后，大家总会因脸上那道美妙的光泽而目光驻留，或因为散发光彩的眼神而欣喜。此时，我也同样感到开心。相信我，展现优点的你所带来的自信氛围会感染身边的人！

经我化完妆的学生或新娘常说：“太神奇了，为什么 Alice 你帮我化妆，可以让我变得这么美！”也有人说：“真想天天都这么漂亮，好想把你打包带回家！”

其实，化妆真的不难，很多女生都会化妆，但要化出一款“漂亮的妆”，展现你自己的优点，则是需要学习的。还未踏入彩妆造型这一行时，我对化妆就无比狂热，每天尝试不同的彩妆并拍照，看见镜中的自己变美了，是让人很开心的事，绝对值得投入时间好好完成。

进入彩妆造型业之后，我经常要在凌晨四五点开工。曾有不少客户问我：“如何能一大早就保持精神抖擞、妆容适宜的状态？”其实工作前我并没有花太多时间化妆，但我会快速把握妆容的重点：让底妆呈现立体感、选用衬肤色的唇彩、修整描绘眉形……这些与服装饰品搭配的道理是一样的。在这个重视第一印象的时代，有效率地为自己打造重点式妆容，是现代女性必须懂得的小技能。

工作之外的妆容，我反而更讲究细节的处理，化得比工作妆更完整用心。对我来说，彩妆与生活密不可分，我还靠它疗愈充满压力状态下的情绪。每当有空闲好好化妆时，那一拍一刷一笔一画的动作，以及色彩组合搭配，像充满趣味的益智游戏。今天呈现优雅低调的土棕色系，下次换上大胆狂放的酒红色眼妆，或戴上浅色隐形眼镜，再画出微混血深邃轮廓……化妆的过程能给我带来极大的乐趣。

投入化妆的过程也是最令我放松的时刻，如果还没找到释放压力的方法，你不妨试着为自己打造多变的妆容。优雅的、甜美的、成熟的……展现不一样的自己。看着镜中美丽的容貌，你会发现自己的心情逐渐平静下来。

奥黛丽·赫本曾说："优雅是唯一不会褪色的美。"我觉得化妆是女人展现从容优雅的生活方式之一，让人感觉你时刻处于"准备好了"的状态。

我始终相信，无论几岁，只有优雅和从容不迫是女人专属的本事和魅力。现在就请跟我一起来用化妆展现你独特的气质吧！

化妆前后的对比照

化妆前的我，肤色不匀，脸色有点苍白；
化妆后的我，不仅气色变好，轮廓也更清晰、立体了。

妆前

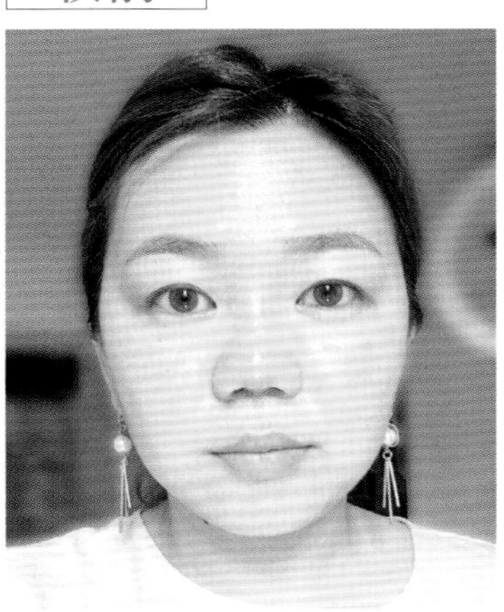

妆后

妆前

妆后

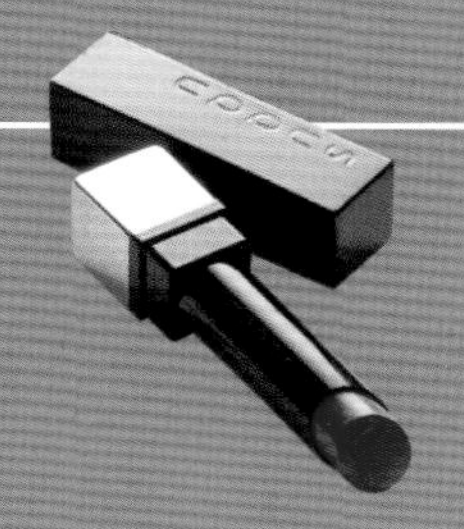

Rule 02

以化妆之名，享受属于自己的宁静时光

工作与生活需要获得平衡，才能过得开心，

化妆也是一样！

休假时，我会给自己留出一小时的空档，不受外界打扰，不理会所有事情，好好地为自己化个妆。以化妆之名，享受不被打扰的个人时光。虽然只是一日之中的片刻，但这一小段宁静时光值得珍惜。或许这也是我迷恋化妆的初衷。

手持镜子，在距离脸部5厘米的位置，一切斑斑点点毫无掩饰地完全展现，这时的你是不是恨不得马上拿起遮瑕膏，将这些恼人的小瑕疵全数隐藏起来呢？

其实在化妆的过程中，我通常不会从瑕疵或缺点开始处理，我会以放大优点为开端。当明亮且具光泽感的立体底妆和绽放神采的眼妆完成后，利用妆容展现出了我的独特优势后，再回头遮盖斑点和痘疤，你会发现要遮要修的地方不像素颜时看着那么明显，只需少量粉底遮瑕膏，就能快速打造薄透又干净的妆容。先为自己的妆容强调优势重点，将视线的焦点转移到抢眼的部分，瑕疵也就不再鲜明醒目了。

化妆需要技巧，但更多的是对自我的认识：五官的比例、左右脸的平衡、大小眼的落差……通过化妆时的独处时光，更容易发现属于自己的脸部特征密码。在化妆的过程中，一道道程序平衡了妆容的比例：在眼睛比较小的那边眼皮贴双眼皮贴、脸形宽的那一侧增加修容层次、不够饱满的苹果肌通过上妆方法提升膨润光泽……这些都是自已经过长时间观察后，才懂得调整的修饰区域。

懂得修饰平衡自身条件后，在妆容上添加色彩就变成非常好玩的事了。很多女孩问我该如何搭配脸上的颜色，我建议把彩妆想象成穿搭配件的一部分（如耳环和项链等配件的搭配方式），身上出现的色彩元素都能运用于脸部，妆容与造型互相呼应，整体就能和谐耐看。若希望跳出安全的大地色，又不敢过分张扬时，可以选用搭配造型的同色系彩色眼线作为点缀，这样也能玩出与平常不同的风格。

我一直觉得工作与生活需要获得平衡，才能过得开心，化妆也是一样。在化妆的过程中，渐渐取得五官及色彩的平衡，避短扬长地提升优点，也会让你在彩妆里感受到强大且愉快的力量！

无论是帮别人化妆，还是为自己化妆，
我都会投入 100% 的专注热情。

因彩妆而变化出不同的风格！

工作时最常化的妆容，就是这款给人好感度第一名的暖暖金橘棕色柔和妆效。

略具欧美风的上扬眼线，是日常生活中也能驾驭的小性感风格。

参加活动时，拥有闪亮电力的眼妆绝对不能少。光泽饱满的卧蚕效果是增添华丽感的小秘诀，必学！

充满度假气息的黄橘色风格，像阳光撒在脸上透出的金色光彩，瞬间让人心情放松。

优雅的玫瑰红色调，以环绕双眼的方式晕染。工作妆容也能营造出恰到好处的温柔艳丽感。

清澈湖水绿非常衬托肤色，用腻了大地色系，不妨尝试能带来自然小清新感的绿色眼妆。

复古且个性十足的深橘棕色，刻意将眼影上扬晕染，让妆容呈现难以捉摸的小小神秘感。

以深色眼影框起，并拉长眼形，让焦点聚集在眼部，再以眼影稍加晕染边界，才有强化放大眼妆的效果。

Rule 03

化出闪亮的自己，要先调理皮肤的光泽度

化妆与保养同样重要，公开保养的秘诀！

重要节日这样保养，会让你容光焕发！

没有进入专业化妆领域之前，我一直认为平时保养就是搽一些保养品，抹了就安心。所以我通常会努力地搽粉底，想让脸色更亮，遮盖更多瑕疵，但每次认真化妆的结果却是更快脱妆！相信这也是很多女孩的疑惑：为什么底妆总是这么容易脱妆浮粉呢？解决问题的关键在于调整我们的化妆习惯。

化妆前谨记一个原则：保湿是延长妆容时效的第一要素！肌肤补满水分后，将呈现透亮又饱满的光泽，粉底液的用量可以减至最低。记住一个大原则：粉底越少，越能持妆。想让妆效更持久，一定要记住这个原则哦！

下一页的内容是我多方尝试后总结出来的最佳妆前保湿方法，提供给女孩们参考。细致、优雅的保养，其实是安定匆忙心情的时刻；每周一次深层清洁，可以增强肌肤代谢力；出门前再用几分钟加强保湿，不仅能延长底妆时效，也能更好地了解并掌握自己的肌肤状况。

保湿用品的选择可以着重于化妆水加保湿精华或冻膜的搭配。其实大家都有基本的保湿观念，可是用量太少，只是为求心安涂抹一番罢了。建议化妆水的用量可以用足一元硬币大小，保湿冻膜则是五角硬币大小的用量。冻膜选择易吸收的质地，上妆后不易起屑。保养后轻拍一次化妆水再上妆，脸部的光泽度会让底妆变得更加令人着迷哦！

ALICE'S TIPS

让底妆持久的保湿方法

1 在脸部拍上比平时用量更多的化妆水，眼部也不要漏掉，然后敷上清爽质地的保湿面膜；也可以用能撕成一片片的化妆棉，浸满化妆水后湿敷。

2 挤压 4 下水感型保湿精华，全脸搽涂按摩，直至 8 成吸收。

3 挤出两颗绿豆大小的水感型保湿冻膜按摩全脸，以达到保湿锁水的效果。

4 用纸巾按压吸除脸上剩余的保养品，以免脸上出现多余的水光。

好物推荐

Alice 爱用的保湿产品

ORIGINS Dr.WEIL
青春无敌调理机能水

最强大的疗愈系化妆水。每次为新娘化妆时，我都会用它湿敷，能加强保湿效果，稳定紧张焦虑的情绪，是我为女孩们打造整日不脱妆妆容时的最强帮手。

Imju
薏仁清润化妆水

日常湿敷的最佳用品，平价保养品中最常回购的就是它，两分钟大幅提升肌肤明亮感。

兰芝
水酷肌因保湿精华

偏水感的精华液，肌肤能快速吸收，透出光亮水光感，而且不容易影响底妆或产生皮屑。

belif
斗篷草炸弹霜

可立即为肌肤注入水分的妆前保湿冻膜，调整肌肤的粗糙部分。最重要的是吸收快，不易干扰底妆。

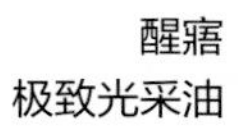

醒寤
极致光采油

秋冬季节，在肌肤不稳定的状态下，底妆很容易因干燥而出现浮粉脱妆的现象，所以我喜欢在粉底液中添加 1 滴光采油。美容油一定要挑选能快速吸收的柔滑质地，让底妆多点润泽感，也更服帖。

专栏：痘痘、痘疤、泛红

别担心，帮你赶走问题肌

修饰肌肤的关键，先用橘色妆前乳调整肤色

照镜子时，我们习惯了放大自己的缺点，如痘疤、黑眼圈和斑点等瑕疵都变得难以忽略。我建议先把镜子放远一点吧！化妆最重要的是先聚焦亮点，再修饰瑕疵，这样不仅能让妆感具有遮瑕力，也能维持清新薄透的肌肤状况。按照上述观念开始上妆，效果会更好哦！

COLUMN

别急着遮瑕

先别急着将痘痘或斑点遮好、遮全。在底妆的开始，我会先用能修饰肤况的自然肤橘色妆前乳调整全脸的肌肤状况。这个步骤选色最重要（才上完一层，就能淡化小瑕疵，至少具有50%的遮瑕效果）！如果

妆前 & 妆后

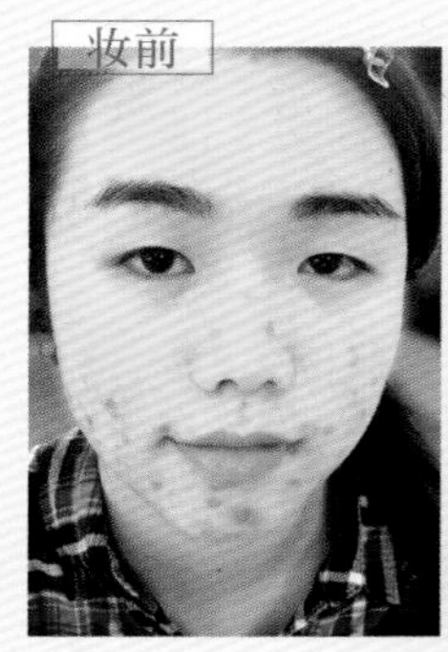

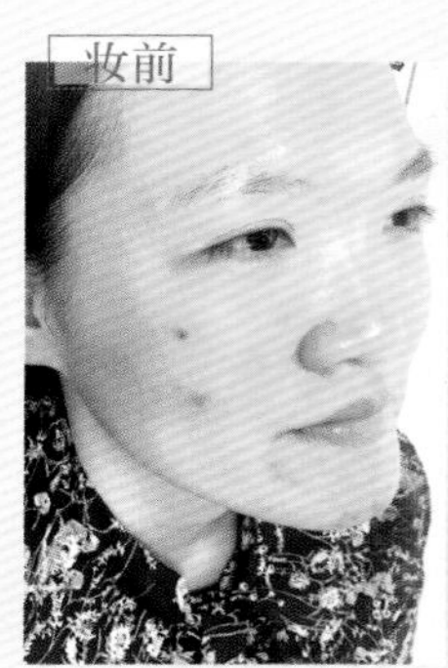

因为在意瑕疵，而选用专为提亮白皙肤色的妆前乳，则会让小瑕疵更加明显。

然后以接近自身肤色的粉底液上妆。此时，仍然不需要修饰痘痘，建议先完成眉毛和眼睛的彩妆，再回头处理底妆不够完美的区域。之前拍上的底妆干了之后，会有微微定妆的效果，此时用接近痘痘区肤色的遮瑕膏，以拍按的方式修饰痘痘或斑点，效果会更好。

以下是 3 点实用的小建议：

1. 发炎型痘痘，可以选用偏柠檬黄或带绿色调的校色遮瑕膏修饰。

2. 以质地偏干的遮瑕膏修饰斑点和痘疤最适合。上妆后能快速定住，不易浮动散开，遮得最牢（湿润型的遮瑕膏用在黑眼圈区）。

3. 遮瑕后，用蜜粉以拍压的方式定妆。尽量不要用刷的方式，才不会影响之前的遮瑕效果。

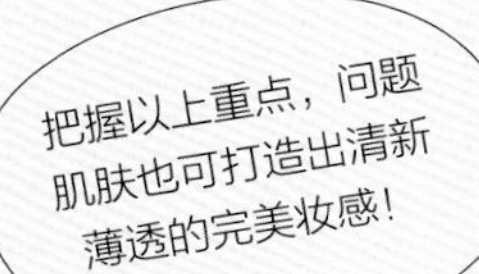

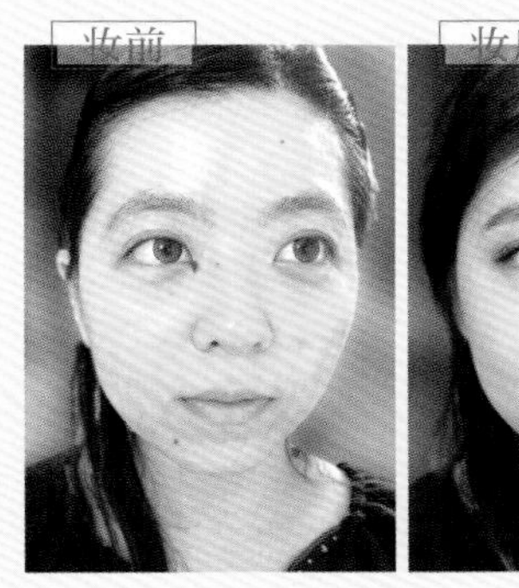

遮瑕最强
小帮手

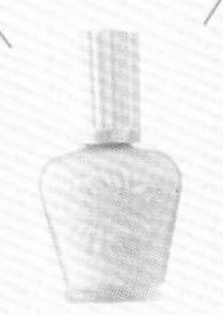

PAUL&JOE
搪瓷湿润隔离乳 #2
它能遮盖 50% 的
肌肤问题。

Rule 04

化了妆却没有变漂亮，你的彩妆出问题了吗

化妆常有的误区：手法力度很重、

太多重点、颜色太重。

很多来上一对一彩妆课的女孩对我说，平时非常爱买彩妆，却不知道怎么使用；化完妆后觉得妆好浓，脸部的轮廓却变平了；不化妆还好，化完却显老……这些都是我经常听到的化妆困扰。

首先，我想提醒大家，大多数女孩的底妆观念需要稍作调整。我发现大家虽然都知道保湿是化好妆的关键，但只有少数女孩的肤肌能真正达到足够保湿的状态。肌肤吃饱水后的透亮感能让粉底用量减少一半，粉底越少，具有减龄效果的清新妆效越好。

即使用同样的彩妆，
下手的力度也会影响妆容！

NG! 所有颜色都太重，妆容没有重点，也不够清新。

OK! 用同样的颜色，但手法不同，呈现的妆感就显得利落。

底妆抓住重点，瞬间展现立体度

你是否经常用涂抹乳液的方式全脸上妆？多数女孩的底妆问题就出在全脸分量一致，在该需要阴影的发际和耳际外围搽了过多粉底，让脸型变得平扁，没有立体感。让我们从饰底乳开始就找出重点，从脸部中央均匀上好后，再将剩余部分向外推开。粉底液也采用同样的方式进行，就能在脸部中央塑造明亮感，后续修容也不用刷太多，就能拥有小脸妆效。

手劲要轻，似有若无就好

大多数女孩化妆时，为了求快，手不自觉过分用力，使眼影或腮红色块变得非常明显，脸上五官色彩区块太重而各自抢戏，无法达到平衡修饰的美感。为什么明明使用同样的产品，彩妆师化的妆却能更加亮眼呢？关键在于“有气无力的手劲”。我在课堂上经常告诉大家：放松且轻柔地描绘，才能创造更好的晕染感；通过层层叠搽，获得自然柔和的妆效。

脸部两个重点要选同色系

唇膏、腮红、眼影的搭配也是困扰许多女孩的问题，只要确保这三个色彩最显著的区块里有两样是同色系搭配，就能让妆容整体性更高。例如，眼影和腮红都是粉橘色系，那唇膏换成较为跳脱的桃红色也没有问题。

想要化个漂亮的妆，记得手劲要轻，选用同色系的彩妆来搭配眼影或唇彩，妆容会更干净，也能凸显优点。

Rule 05

让人称赞『你变美了』的彩妆，都有3个小心机

只要把优点放大展现出来，

妆容就能自然又亮眼！

“Alice，为什么你帮我化的妆，总是比我自己化的漂亮许多？”

“为什么老师化的妆充满光泽立体度，我化的却像在脸上涂了颜料而已？”

“哇！新娘今天的妆好美！”

最喜欢听到化完新娘造型后亲友们大力赞美的话了，虽然我不是新娘，但也会开心得飘飘然，毕竟这是大家对我审美观念的认同！

近年来，大家喜爱的妆效不再是浓妆艳抹，而是偏好有自己的特点又能散发光芒的妆容。很多女孩问我：“为什么自己总是化不出彩妆师化的妆感呢？”其实答案很简单，彩妆师就是荧光笔主任，专门为大家画重点！只要把优点放大展现出来，妆容就能自然又亮眼！日常妆容多半不会花费一两个小时精雕细琢，请掌握我多年彩妆经验归纳出的3个小心机，就能很快化出让人称赞的妆容哦！

ALICE'S TIPS

3个让人变美、变年轻的小心机

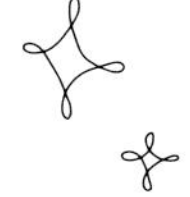

/ 小心机 / 01

提亮眼下三角位置

眼下三角是我最在乎的部位，要创造仿佛打了玻尿酸那样膨膨饱满的状态。我会在化好眼妆后，在眼下三角区薄压一层比肤色更亮的粉底，打上高光后看起来至少年轻 3 岁啊！

/小心机/ 02

遮好黑眼圈

不仅黑眼圈需要遮瑕，眼尾的暗沉也要遮盖。有时化完眼妆还是没有光彩，原因在于只遮了明显的黑眼圈，却忽略了眼尾小三角的咖啡色暗沉。只要在这里轻压薄薄的粉底，就能提升眼神的亮度。

/小心机/ 03

唇形轮廓要晕染

近年来流行鲜艳的唇色，许多女孩涂唇膏时会令唇形轮廓非常清晰，搭配浓烈的眼妆与腮红，全脸色彩过度抢眼，就会让妆容显得老气。如果将唇色以晕染的方式呈现，弱化唇形边缘轮廓，减少妆容中的色块感，就会让妆容显得减龄又和谐。

Rule 06

眉妆是减龄的关键，看起来至少年轻5岁

说起眉形，每个年代都有风靡一时的画法，近年来流行的一字眉就是代表。但并不是每个女孩的五官都适合同一种画法，选对合适的眉形，可以让人猜不出你的年纪。像我这样的菱形圆脸就不太适合完全一字的眉形，一字眉形会凸显脸形的角度；但长型脸和鹅蛋脸就很适合一字眉形。

很多女孩对我说，自己“有画眉毛障碍”。别怕，先确认眉毛的3个重点，找出正确的位置，突破画眉关卡就容易了！

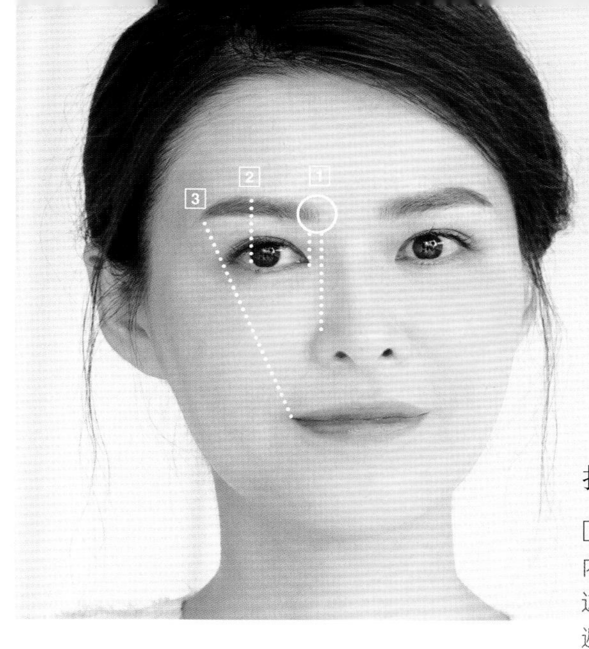

ALICE'S TIPS

减龄的眉形这样画

1

找出眉头、眉峰、眉尾比例

[1] **眉头** | 眉头开端的最佳位置应与内眼角与鼻梁之间位置呈直线，但这个区域的颜色一定要最轻最淡，避免眉头呈粗硬的方块状。

[2] **眉峰** | 眉峰的位置在鼻翼向眼球上方边缘的延长线上，或大约在眼尾区眼白部分的一半位置，向上延伸就是眉峰 。

[3] **眉尾** | 眉尾的位置应在嘴角向眼尾的延伸线上。

2

眉尾尽量比眉头高一些，看起来才有年轻活力感。

3

用眉梳轻轻梳开眉毛。

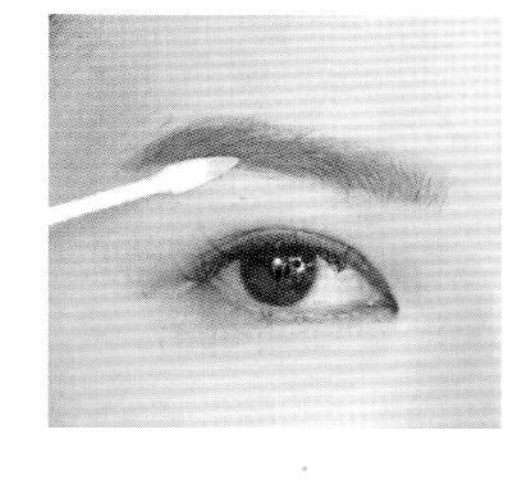

4

用尖头棉签沾取接近肤色的遮瑕膏，当橡皮擦用，将眉形修得更干净利落。

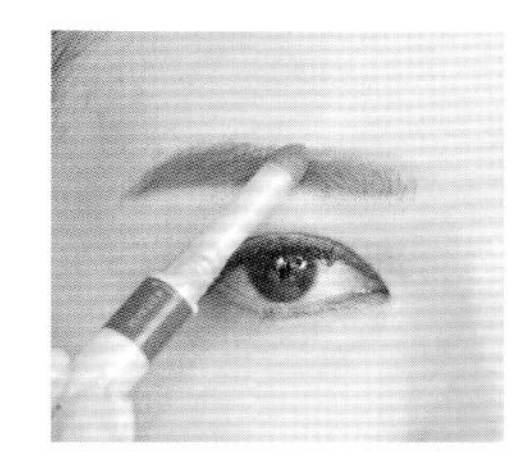

5

使用眉笔描绘外型，用眉粉填补毛流空隙，再以染眉膏柔和眉色。

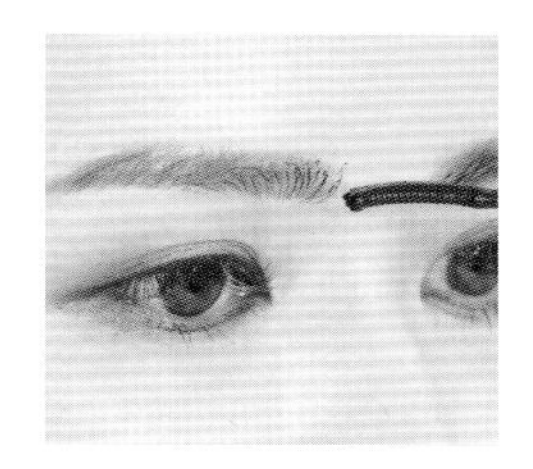

6

可将睫毛膏刷在眉头毛流处，加强眉头毛流的浓密感。

Rule 07

一定要学会！我的独家『诈欺』眼妆秘诀

身为泡泡眼的我，毕生化妆追求的终极目标就是大眼睛！因此我花了很多时间研究出众多让眼睛更放大、更明亮的眼妆化法！除了在后续篇幅中会教大家通过眼影浓淡渐层，让眼妆更有张力的化法之外，眼线和上下假睫毛也可以收录为大眼的心机秘诀啊！

这个单元是我的彩妆课中最受欢迎的眼妆课，掌握其中 3 个技巧，就能解决单眼皮、内双眼和大小眼的问题，让你的明眸放大，闪闪放电！

技巧

01 贴好双眼皮，让你的眼睛瞬间放大

只要不是太多脂肪的内双眼形，我推荐使用轻薄又不易反光的3M肤色透气胶带。剪出约2.5厘米宽、1厘米高的小弯月形弧度，贴在原有的眼褶线上方，压住靠近眼头前端，用点力气，将眼皮贴牢，就能强化眼皮的深邃感。透气胶带最大的优点是上得了眼影色彩，隐形效果也好，眼皮条件许可的女孩，我建议使用这种材质。

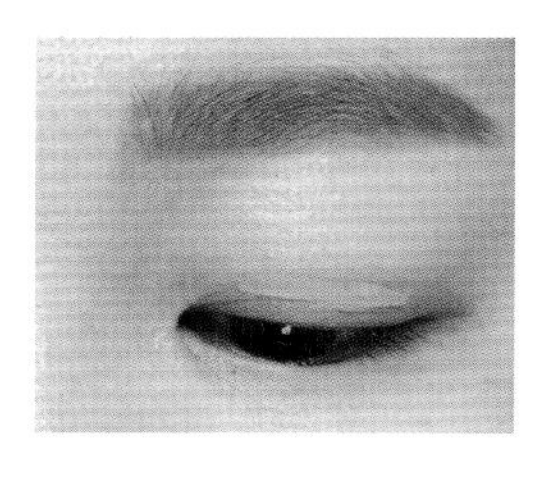

1 在没有任何彩妆的状态下，先贴上双眼皮贴，贴在原有的眼褶线上方。

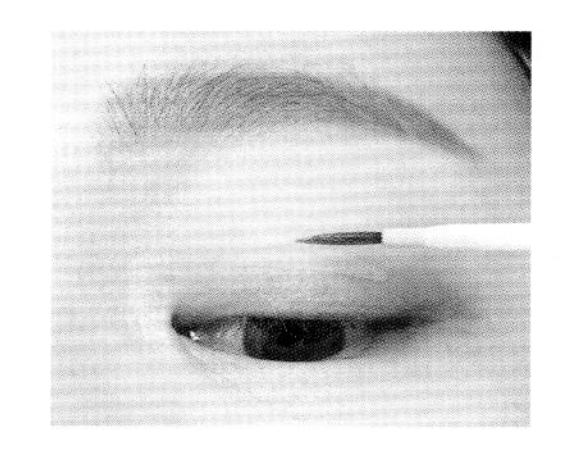

2 眼皮脂肪较多的眼形，贴完双眼皮贴后，可以用双眼皮专用胶叠在上层，让眼褶更明显。

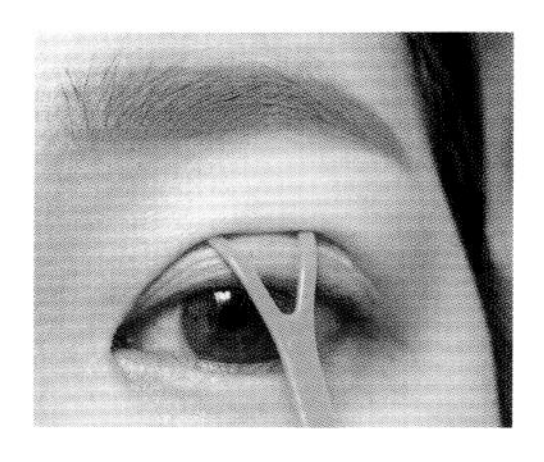

3 以双眼皮胶内附的Y字棒，在黑眼球上方，比眼褶线高的位置，向内轻推，粘出比原本更宽的圆弧形双眼皮。

A

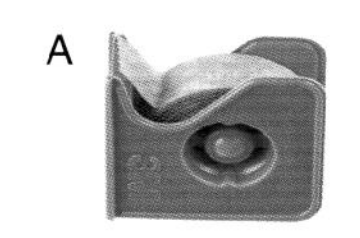

B

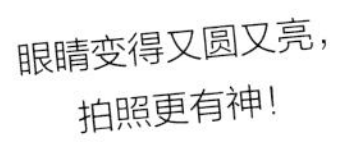

C

推荐商品 | A. 3M透气胶带 B. J-Lin双眼皮贴 C. 拨拨小姐网状双眼皮贴

眼睛变得又圆又亮，拍照更有神！

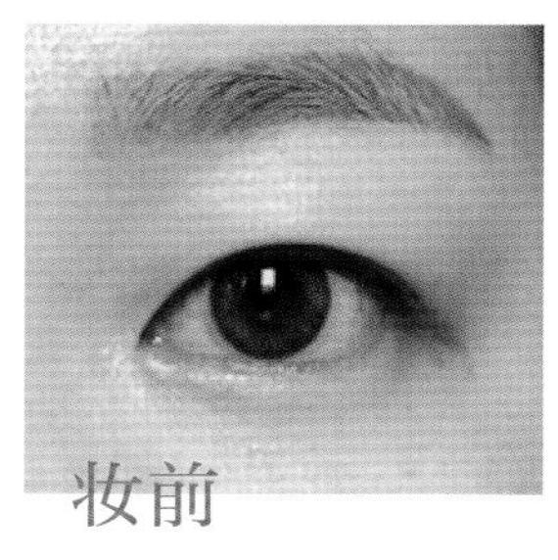

妆前

妆后

技巧

02 极美眼线的关键技巧 大眼心机的秘诀

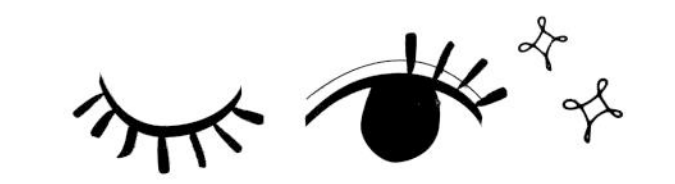

眼线是让眼妆瞬间充满电力的快速方式，我喜欢用深咖啡色的眼线胶笔描绘眼线，呈现柔和的眼神。若是参加活动、聚会，想表现强大的气场，则叠画上黑色眼线液，以彰显个性。

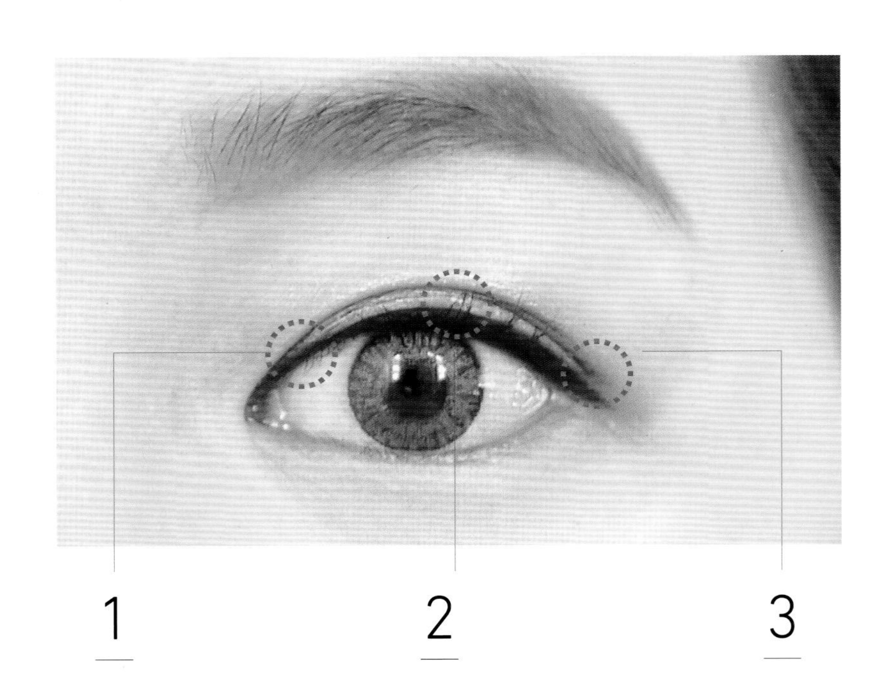

1

重点：学会将眼线画在隐形眼线区——补满内眼睑至睫毛根部区域的空隙所形成的线条。藏在内侧的细致眼线，能让妆容看起来更精致，大外双眼形则需要画宽一些。

2

黑眼球上方的眼线可以稍微加宽一点，让眼神更明亮。别忘了让眼线延伸至眼头位置，大多数女孩眼头处内褶多一些，眼头处稍微加粗能让眼睛睁开时的线条更完整。

3

想让眼尾收出漂亮流畅的尖细线条，可以将眼角皮肤轻轻上提，手部力量越来越轻地描绘或用尖头棉签擦出利落的收尾。

6 种眼线技巧，让眼神更闪亮动人

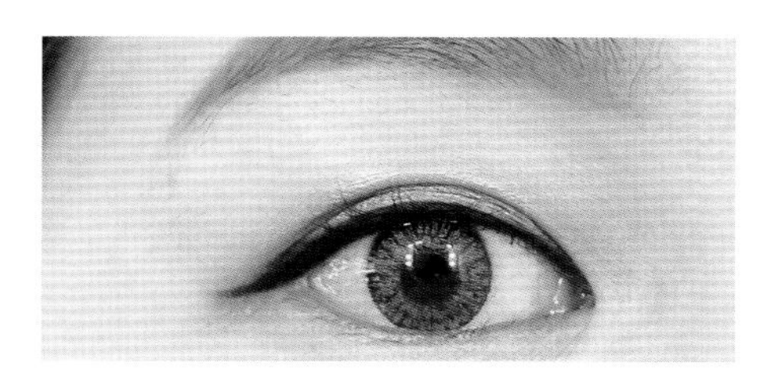

/ 自然平拉感眼线 /

从眼角平拉，向外延伸 0.3 厘米，适合日常妆容。

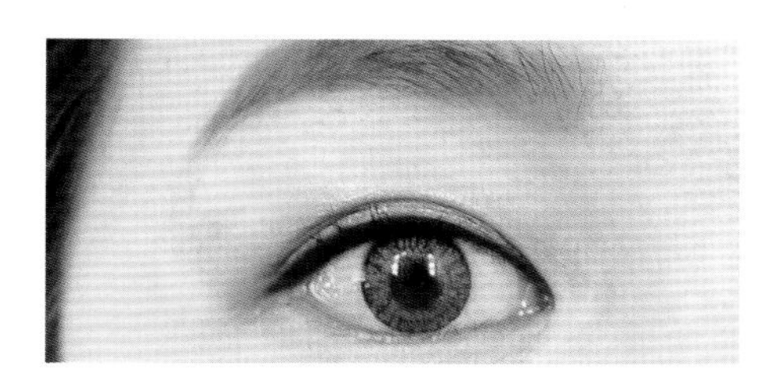

/ 隐形内眼线 /

让眼神充满光彩的小技巧，将眼线补满内眼睑与睫毛空隙处即可。

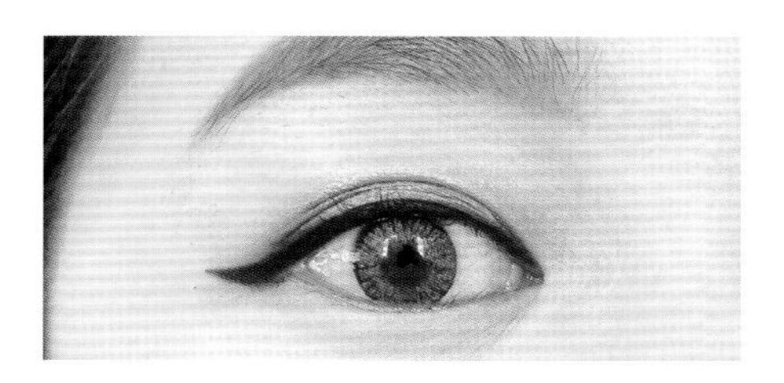

/ 微笑感眼线 /

将眼尾向下向外延伸 0.2 厘米，呈现圆眼形，接着线条向上轻轻勾勒，打造好感度高的微笑眼形。

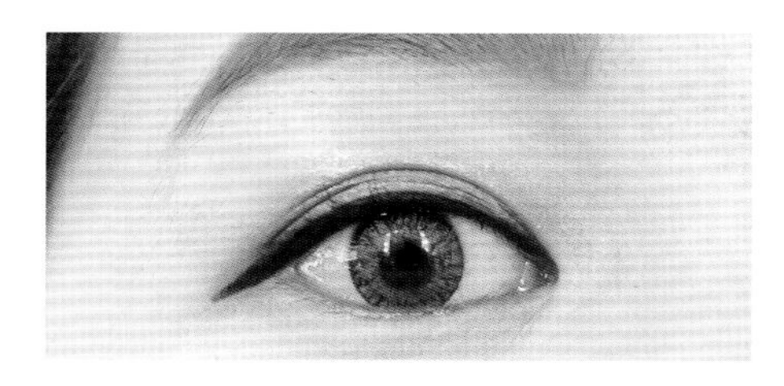

/ 下垂圆圆无辜眼线 /

自眼角向外并调整角度，微微向下滑出线条，眼尾线条比眼头位置低，适合凤眼或颧骨高的女孩。

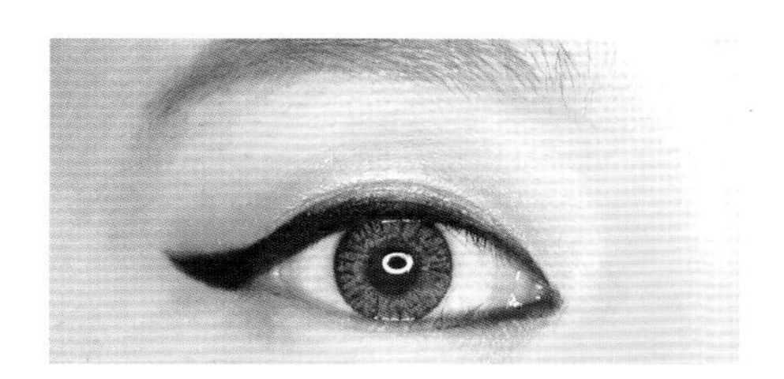

/ 猫咪感眼线 /

将线条向外并上扬 30° ，将眼角衔接并填满空隙。在下眼头前 1/4 处也画出细细的线条，强调眼形，表现张力十足的打勾眼线。

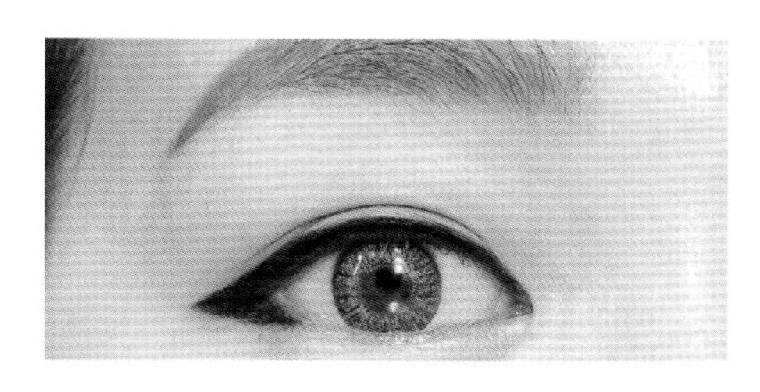

/ 个性眼线 /

眼尾平拉 1 厘米后，框起眼尾三角区，用眼线液填满。强调利落框线，也能凸显个人特质。

技巧

03 上下假睫毛这样粘，明眸放大，闪闪放电

在接睫毛越来越盛行的当下，我还是喜欢用贴假睫毛的方式，自由选择想呈现的眼妆效果，偶尔花心思用睫毛膏刷出纤长睫毛或选用各种变化的假睫毛款式。日常妆容中最合适的假睫毛长度是0.8 ~ 1厘米，睫毛间隙不要太密集，微微的空隙可以营造出像刷上睫毛膏后根根分明的效果。挑选睫毛款式时，毛流前端要有磨尖设计，才有自然仿真感。

1

用小镊子夹住假睫毛的毛流，将假睫毛胶水涂抹在睫毛梗上，等待 10 秒让胶水微干。胶水分量不能过多，否则多余的残胶会影响眼妆的干净度。

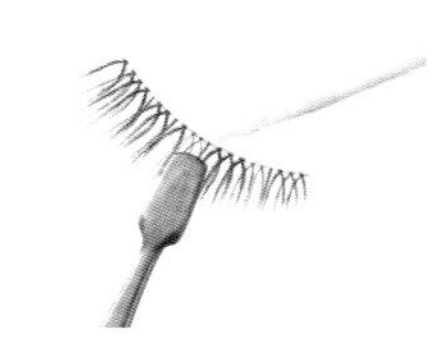

2

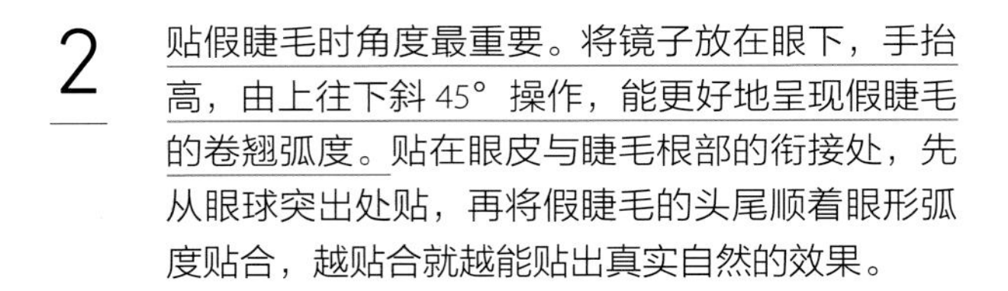

贴假睫毛时角度最重要。将镜子放在眼下，手抬高，由上往下斜 45° 操作，能更好地呈现假睫毛的卷翘弧度。贴在眼皮与睫毛根部的衔接处，先从眼球突出处贴，再将假睫毛的头尾顺着眼形弧度贴合，越贴合就越能贴出真实自然的效果。

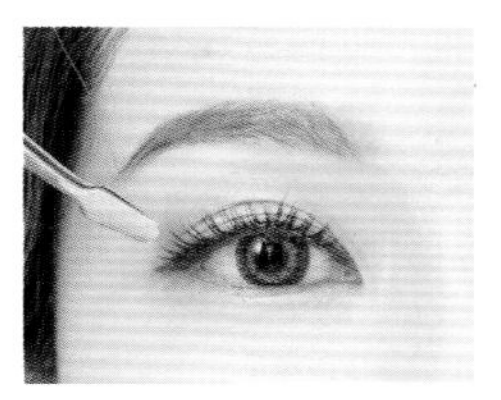

3

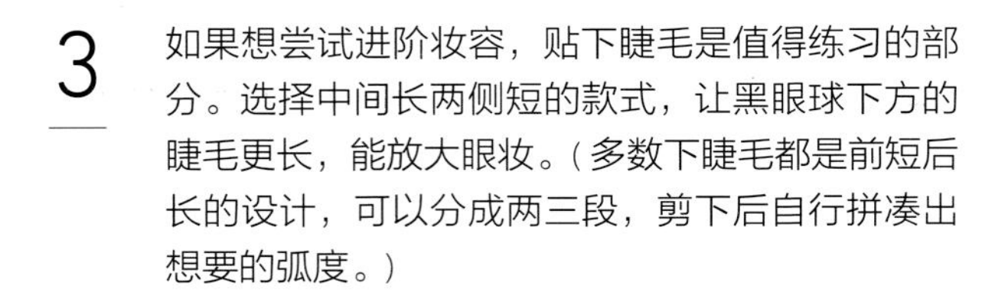

如果想尝试进阶妆容，贴下睫毛是值得练习的部分。选择中间长两侧短的款式，让黑眼球下方的睫毛更长，能放大眼妆。（多数下睫毛都是前短后长的设计，可以分成两三段，剪下后自行拼凑出想要的弧度。）

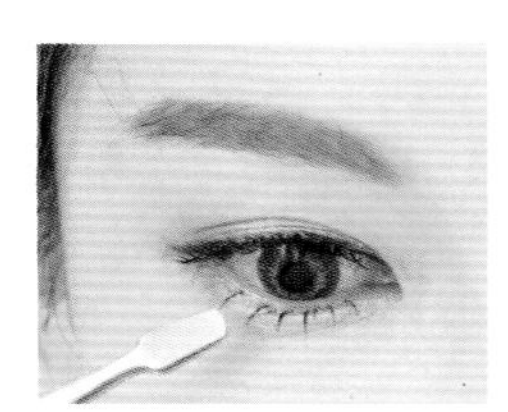

4

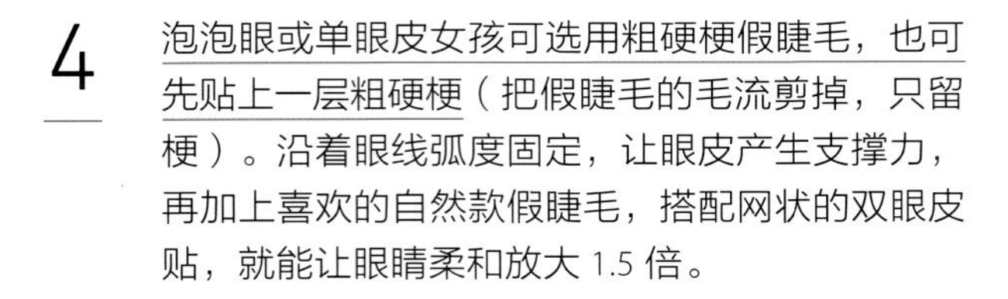

泡泡眼或单眼皮女孩可选用粗硬梗假睫毛，也可先贴上一层粗硬梗（把假睫毛的毛流剪掉，只留梗）。沿着眼线弧度固定，让眼皮产生支撑力，再加上喜欢的自然款假睫毛，搭配网状的双眼皮贴，就能让眼睛柔和放大 1.5 倍。

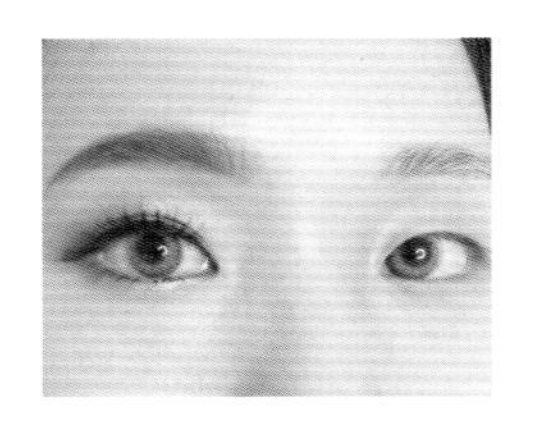

Alice 最爱用的假睫毛

1 厘米假睫毛

贴起来很华丽，又有根根分明效果的睫毛。

推荐商品 | Miche Bloomin NO.03

0.8 厘米假睫毛

想营造自然、不做作的妆感，推荐使用这款睫毛。

推荐商品 | YEGZ NO.12

1.2 厘米前短后长假睫毛

特别有女人味，为性感眼神加分的睫毛。

推荐商品 | Miche Bloomin NO.19

下假睫毛

自然又有让眼睛看起来放大一倍的效果。

推荐商品 | Dolly Wink

粗硬梗假睫毛梗

适合眼皮脂肪较多的眼形，作为打底支撑用。方法是将亮丽 904 的毛流剪掉，只留下梗。

推荐商品 | 亮丽 904

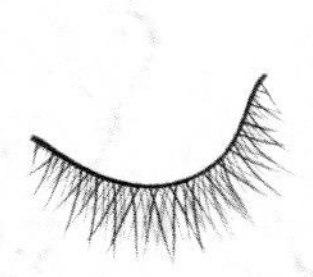

粗硬梗假睫毛

适合泡泡眼或单眼皮，具有支撑眼形的效果。

推荐商品 | 亮丽 904

调整眼妆之后，是不是像换了一个人？

我喜欢利用睫毛调整眼形。除了添加假睫毛之外，喜欢自然眼妆的女孩，也可以在刷完一层睫毛膏后，在黑眼球上方的毛流处多刷一次，让中间段的睫毛更翘、更有存在感，增加眼形的圆弧度，这也是令眼神聚焦放电的关键。

妆前

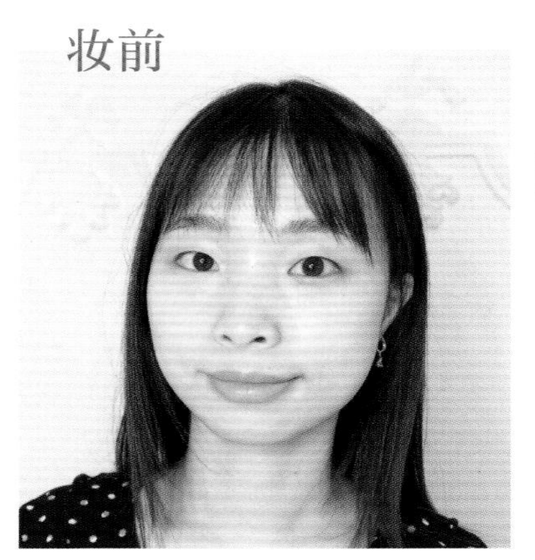

妆后

妆前

妆后

眼睛与眉毛距离小于眼睛高度的女孩，建议选用 1 厘米或 0.8 厘米的假睫毛，避免眼妆有过重或过多的装饰，让妆感显得太艳。

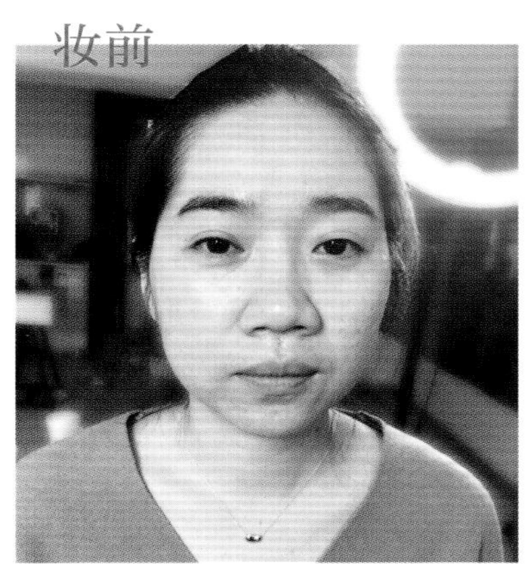

Rule 08

彩妆师的小秘诀！多了这道光，妆容更精致

我常常对女孩说，学会打高光，是好事也是坏事。在对的位置刷出迷人的光泽，会让人忍不住想照镜子看自己美丽的脸庞。高光有许多种不同的质地和色调，令人痴迷的程度不亚于眼影色彩带给我的喜悦。了解了高光的效果，就会想要购买更多产品，这就是唯一的坏处吧！

我将高光的质地分为两种：增加苹果肌饱满度的半雾面高光，以及提升脸形立体度的珠光光泽高光。

半雾面高光

刷在眼下三角区域，仿佛为肌肤注入玻尿酸，让苹果肌呈现膨润饱满的状态。有泪沟的女孩更需要刷在这个位置，让脸部的疲惫感瞬间消失。通常选用浅粉色效果最佳，这个区域尽量不要使用珠光光泽太强的粉质。

推荐商品 | **A.**SUQQU 晶采亮颜蜜粉饼 **B.**Dior 高光饼

珠光光泽高光（闪粉）

闪粉是现在流行的主流高光，强调脸部线条与突出处，能够大幅提升五官立体度。使用光泽强烈的粉质更能凸显轮廓，细致贴肤的珠光则能呈现好肤质的耐看妆效，可以依照当天妆容的需求选择珠光大小。许多浅色眼影珠光细致而不含亮片，也可以拿来当作高光用。

推荐商品 | **A.**MISSHA 编织眼影 #1 **B.**M.A.C 柔矿迷光炫彩饼 #LIGHTSCAPADE **C.** 罗拉蜜思柔光炫彩盘 Addiction（金色香槟）**D.**Hourglass 无痕亮彩高光棒

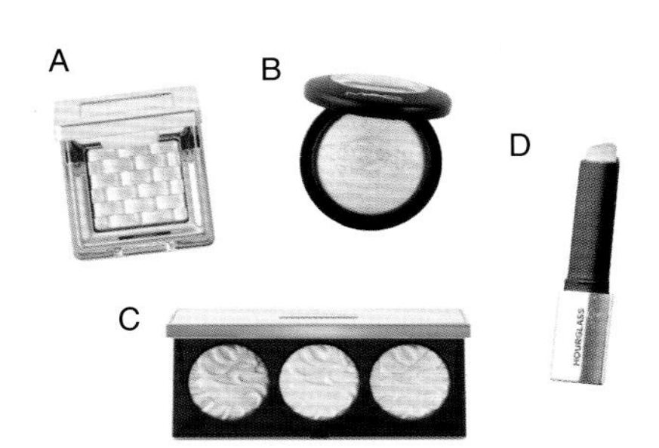

化妆焦点

- 高光不能全脸随意刷，否则不仅无法让脸部变立体，还可能让脸显得又亮又大。可以先将笔刷对准眼尾至下巴的角度，从眼尾刷至脸部中央即可，凸显脸部的轮廓。接着将余粉向下巴、太阳穴、T 字部位及鼻头处扫。
- 日常妆容选用烛火形的尖头蓬松高光刷，刷出的光泽边界比较自然不刻意。

Rule 09

修容只要一个技巧，马上变成小V脸

再也不怕被推到镜头前了！绝对好用的小脸修容术。

与你分享不同脸形的修容重点。

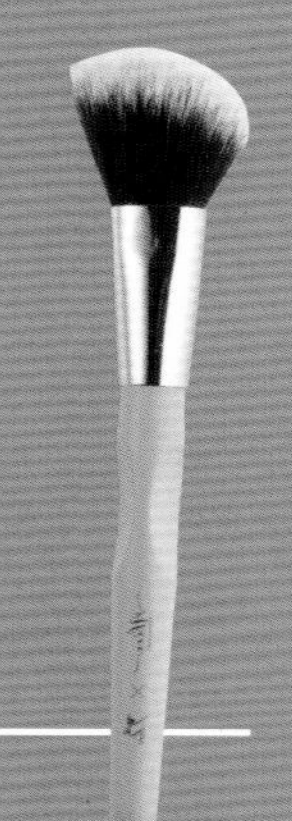

你是否注意到，女孩们聚会合照时，大家抢着往人群后面躲？那个拿着手机拍照的女孩，因脸形容易被放大而最吃亏。

现在只要学会修容技巧，即使被推到镜头最前方也依然自信亮眼！女孩的脸形一般分为：鹅蛋脸、圆形脸、方形脸、菱形脸和长形脸，亚洲女孩偏爱鹅蛋脸。将脸形突出的边界修出阴影，让轮廓接近鹅蛋脸的柔和线条，这种修容方法最受欢迎。

修容的第一笔可以刷在脸形最在意的部位，由发际线向眼尾方向刷，越接近眼尾颜色越淡。我的颧骨比较突出，第一笔就从大约鬓角处向前刷出，余粉再从轮廓线由下向上刷。

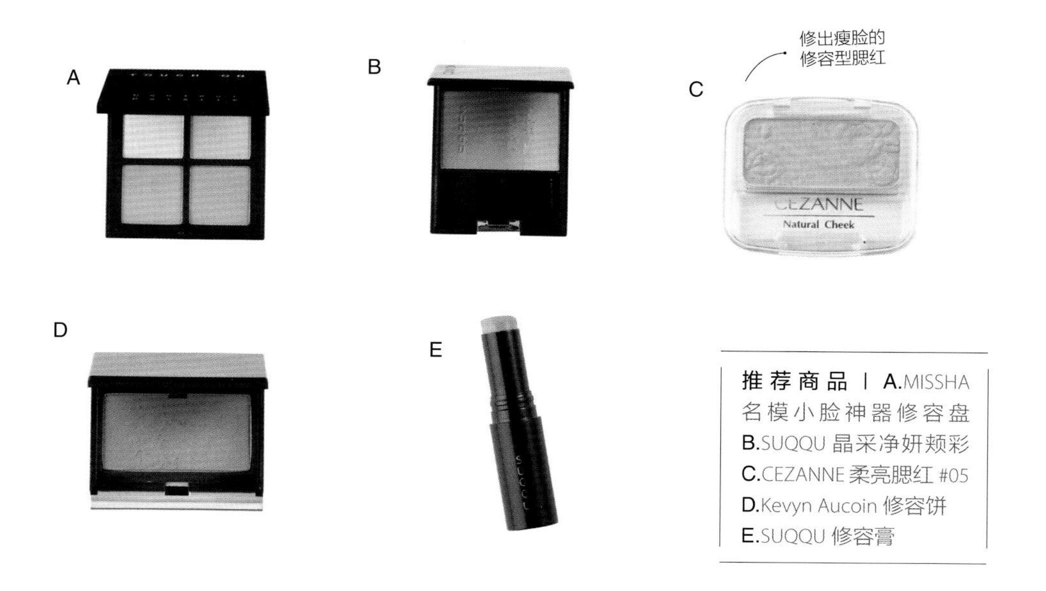

ALICE'S TIPS

各种脸形的修饰部位

修容力度不能过大，手劲一定要轻柔，由外向里用同一方式均匀刷开，越接近内部提亮边界，颜色要越淡，才不会刷出一道络腮胡似的阴影。

/ 方形脸 /

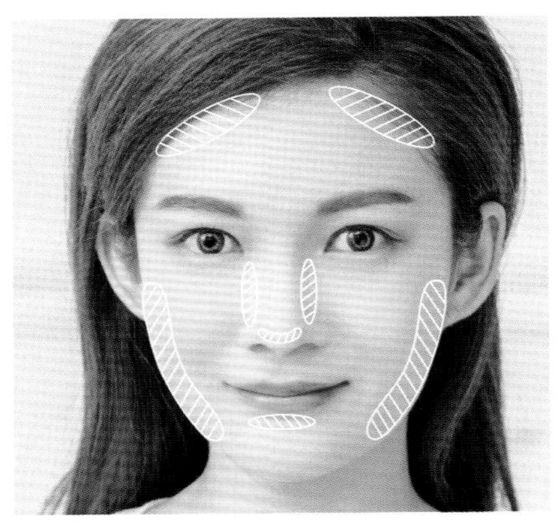

/ 鹅蛋脸 /

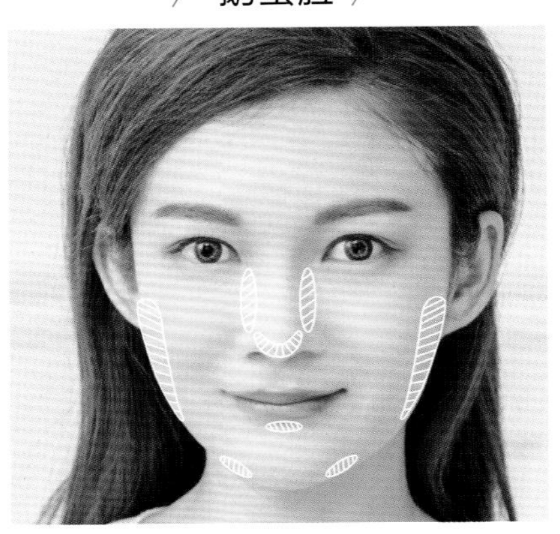

/ 菱形脸 /

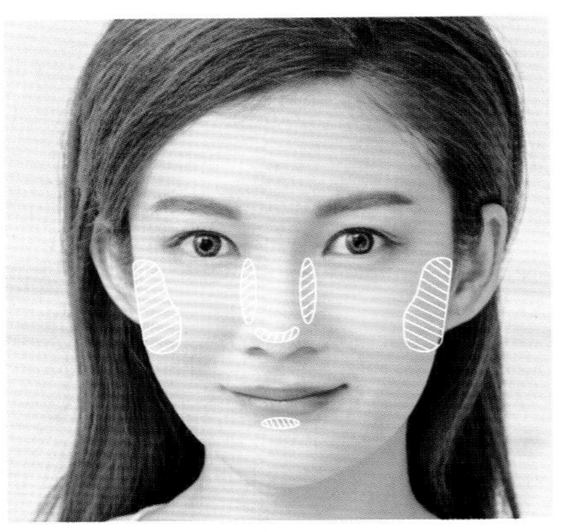

/ 圆形脸 /

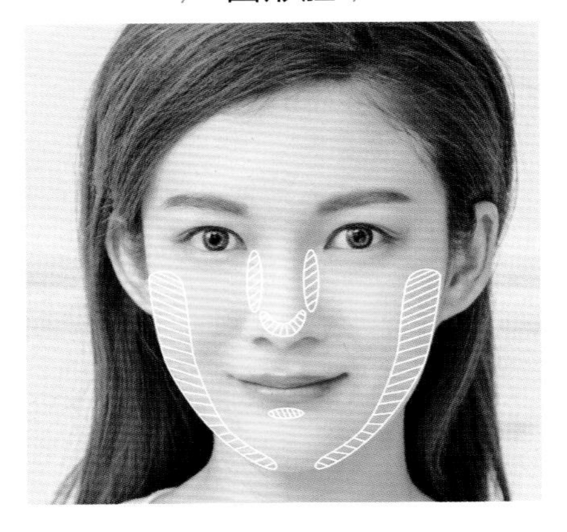

/ 长形脸 /

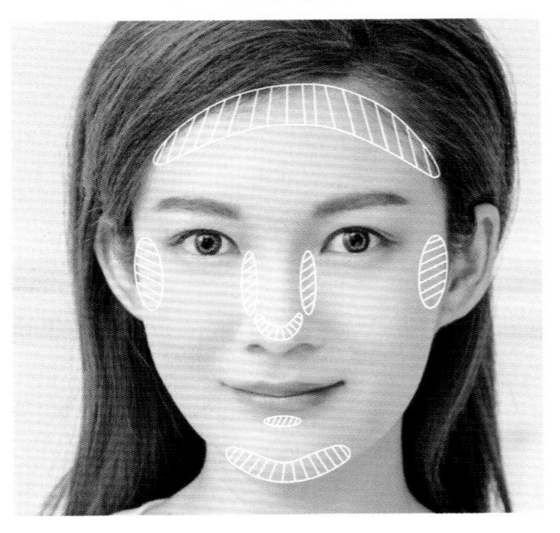

化妆焦点

- 修容颜色的选择：能融入肤色，打造比自身肤色暗两个色阶，呈现自然阴影感的效果，过红或过黄的阴影色对于日常妆来说都太刻意了。
- 脸形较宽的女孩，可以增加使用土砖色腮红，轻轻刷在眼尾下方颧骨最高处，作为修容的延伸效果。脸形将会被修饰得瘦瘦窄窄的。

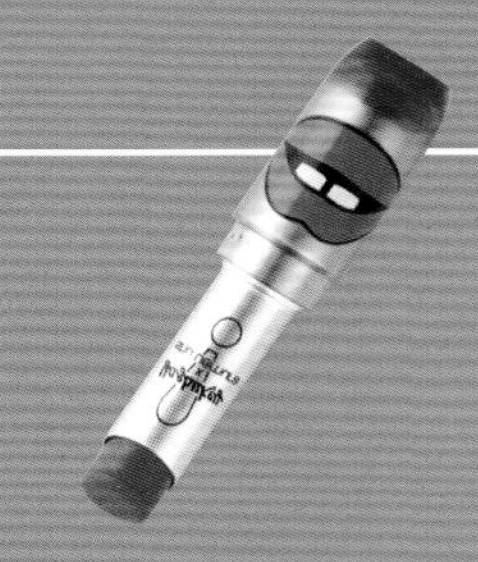

Rule 10

唇色与妆容的搭配，是年轻时尚的小重点

工作与生活需要获得平衡，

才会开心，化妆也是一样！

你能想象吗？我初学化妆时，眼妆和底妆对我来说并非难事，反而是唇妆搭配最容易遇到问题。唇彩中的红色比例，偏冷、偏暖的红，都影响着整体妆容的质感，更有可能一不小心就让自己老了 5 岁。

唇彩的搭配与肤色、五官，甚至服装都息息相关。就算是相同颜色的唇膏，闺蜜一起相约涂上，也会呈现出不同样貌，这与肤色及五官风格有很大关系。肤色偏冷色系的女孩，唇色可选用桃红、紫红和樱桃红等，非常衬托肤色。

肤色偏暖色的女孩，搭配杏色、玫红、橘红色调的服饰会特别出色，唇彩也可以参考服饰选用的色调进行搭配。如果不想大费周章地思考唇彩，安定沉稳的豆沙粉、豆沙红和干燥玫瑰色都是非常好的选择。

唇形描绘的轮廓对妆容的呈现也有很大影响。如果喜欢利落的个性风格，可以依照唇形画出明显的边界，妆容焦点落在唇色上。若是妆容整体色彩较为明显，唇膏则薄薄涂一层做点缀即可；若想聚焦在唇形上，则可以涂出饱满浓郁的分量。

气势红唇

甜美晕染

ALICE'S TIPS

超级百搭的唇膏颜色

穿搭衣服时，我发现偏冷的宝蓝、碧绿、带蓝的紫和柠檬黄都能将肤色衬托得更明亮。所以我的唇彩常用色就是偏冷桃红色系。鲜艳饱满的桃红，让我看起来朝气十足。若使用太暖的红或橘，亮眼程度反而没有桃色系好。

PINK

玫瑰粉的唇膏，让人朝气十足。

砖红色系的口红，
可以让肤色更显白。

ORANGE

偏暖的橘色，
则显得更年轻。

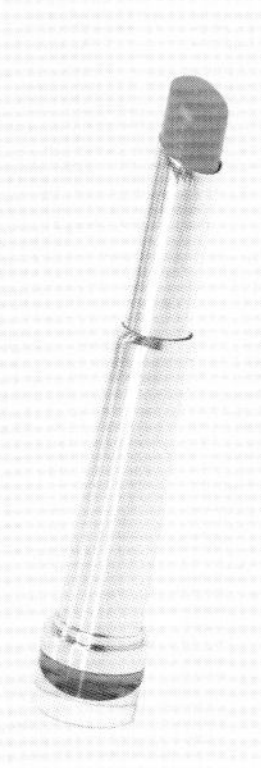

Rule 11

重点推荐！一定要有的化妆工具

在化妆过程中，我和不少女孩闲聊时发现，多数女孩在上妆时间上追求 5 ~ 10分钟完成。在生活节奏极快的状态下，想短时间完成细致的妆容，除了用手指指腹，还要靠厉害的彩妆工具的助攻！无须像专业彩妆师一样搜集各种工具（彩妆狂热分子另当别论），但是拥有以下基本配备，对提升妆容精细感真的有很大帮助。

海绵

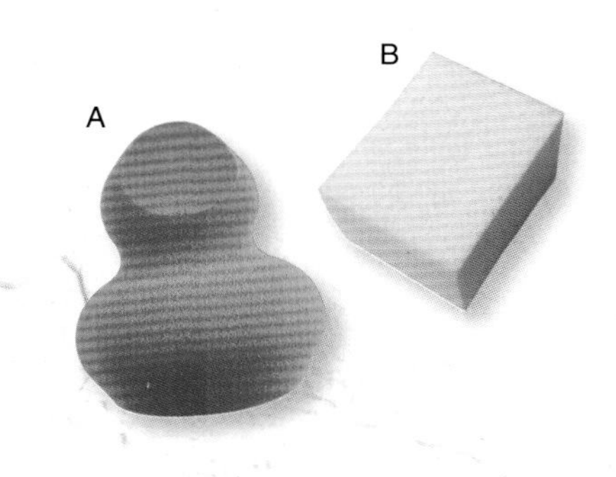

无论用手还是粉底刷上底妆，我都会再用海绵按压全脸，让底妆更服帖、更薄透，这是延长妆容效果非常好的方式。海绵选择弹性良好的材质。若想达到较好的遮瑕效果，可以在相同部位重复轻拍。

推荐商品 | A.J-Lin 6in1 印章海绵 B. 三善海绵

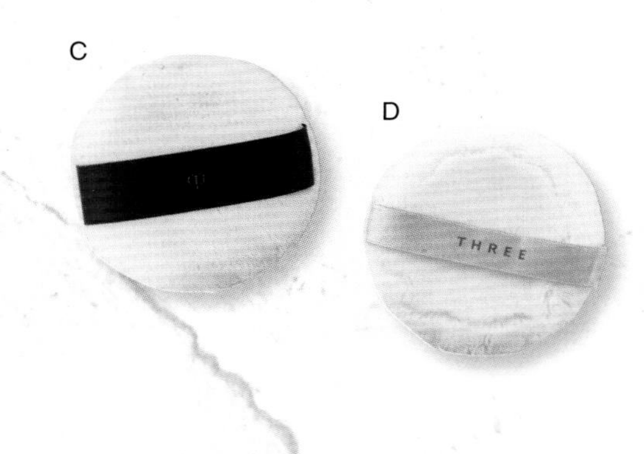

长绒毛粉扑

在湿度较高的闷热天气里，我会在妆容的最后步骤使用长绒毛粉扑全脸拍上蜜粉，延长妆容时效，也减少出油和脱妆现象。长绒毛可使蜜粉完全服帖于脸上，包括较为粗大的毛孔部位。

推荐商品 | C. 肌肤之钥粉扑 D.THREE 粉扑

睫毛夹和睫毛复活液

无论自己买的还是同学上课带来的，我用过最好用的睫毛夹是植村秀睫毛夹，它符合多数眼形弧度（某些品牌弧度不符合眼形，容易夹到眼皮）。夹睫毛时不需要太用力，镜子放在眼睛下方才好找到睫毛根部位置，通过不断按压，让睫毛一段一段夹出卷翘感。卷翘的睫毛与眼皮弧度相呼应最好看！

在湿度较高的天气，努力夹好的睫毛容易垂下来，我的秘密法宝是刷上 CANMAKE 睫毛复活液，让睫毛变得硬挺定型。再把短竹签加热，将睫毛烫得又卷又翘，然后刷上不过于湿润的睫毛膏。这个方法可以让睫毛维持一整天不垂不塌，更不容易晕染。

推荐商品 | E. 植村秀睫毛夹（适合圆眼形）F.SUQQU 睫毛夹（适合长眼形）G.CANMAKE 睫毛复活液 H. 短竹签 I. 打火机

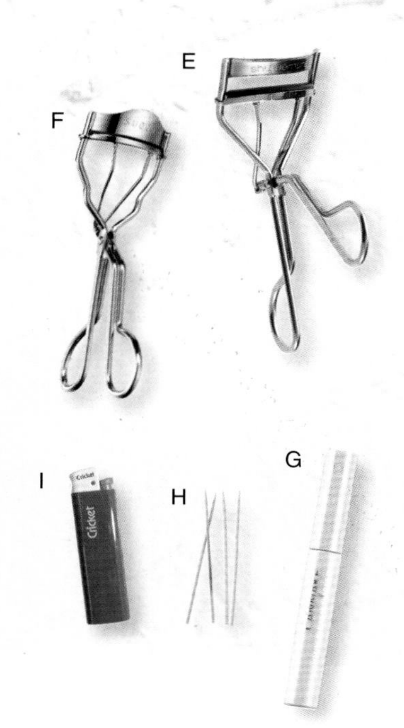

遮瑕刷

在底妆部分，80% 的女孩最在乎黑眼圈的遮瑕效果，黑眼圈会让人看起来无精打采。不过眼周肌肤较薄，无法负担太厚重的底妆，所以更要选对能校正暗沉的颜色，搭配使用针对细节修饰的尖头小遮瑕刷，就能用最少的粉底，将黑眼圈掩盖得更完美。另外跟大家分享一个小秘诀，用尖头唇刷代替一般遮瑕刷，效果非常好！ MAKE UP FOR EVER 遮瑕刷针对毛孔型瑕疵进行修饰，沾取遮瑕膏后，以画圆的方式填补，让肌肤呈现平滑感。

推荐商品 | **J.**Cosmos 唇刷 **K.**MAKE UP FOR EVER 遮瑕刷

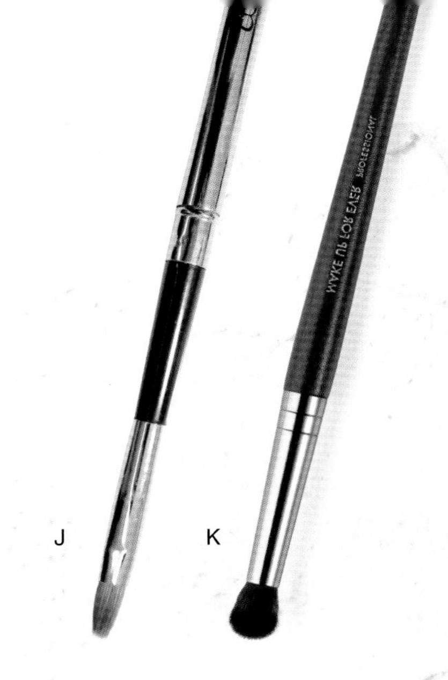

小眼影刷

日常眼妆，我通常会教同学们运用至少两种颜色进行深浅搭配，让眼影盒里的美妙配色都被用到，才不会觉得可惜。大面积时用指腹上色，可以快速达到渐层张力；眼尾小细节处建议用小眼影刷上色，才能精确又晕染得好看。

推荐商品 | **L.**THREE 小眼影刷
M.Alice X J-Lin 眼影刷

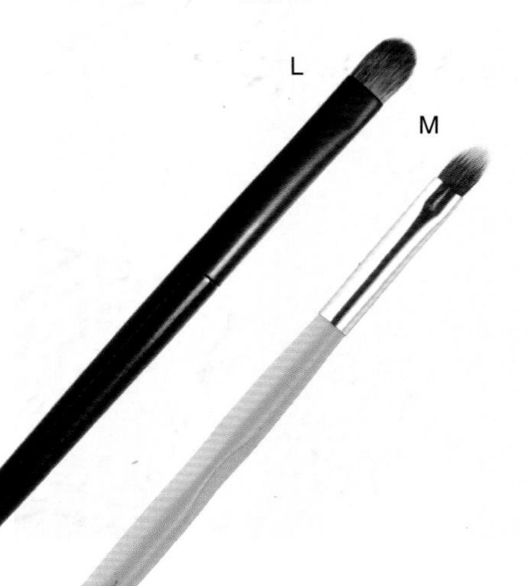

腮红刷

整体妆容中，色彩类的运用最不能忽视的就是腮红的晕染，晕染的渐层感能让妆效更和谐。如果刷出色块或刷在错误的位置，就会让妆感变得突兀或老气。为了让腮红刷得更精准，刷毛宽度宜在 3 厘米内，动物毛质抓粉力好，刷毛尖端扎实密集的款式，适合打造显色度高的可爱圆形腮红。上妆时力度尽量轻柔，避免产生色块。彩妆新手则可使用化纤毛质，层叠薄刷，降低失误率。

推荐商品 | **N.**NARS 腮红刷 **O.**Alice X J-Lin 腮红刷

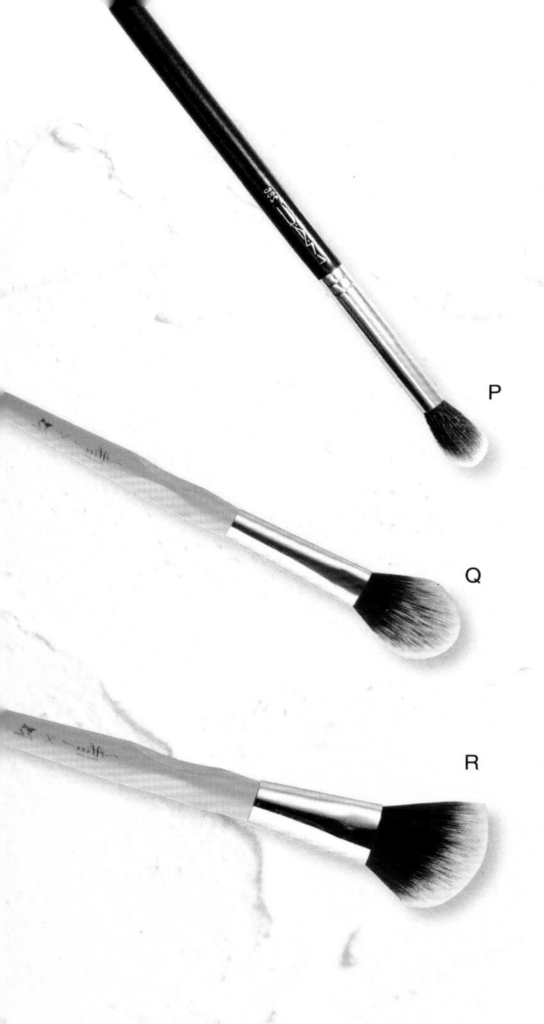

高光刷

要让妆容更迷人，一定少不了脸上那道光！将高光精准地刷在提亮处，能让脸部充满立体光泽，而不是出油后的满面油光。高光用的刷子选择刷毛松散的款式，刷出的珠光亮度会显得自然柔和。仿烛火尖头设计的刷子，可以精准刷到想提亮的区域，如脸部轮廓、T字、鼻头及下巴处。

推荐商品 | **P.** M.A.C 高光刷　**Q.** Alice X J-Lin 高光刷

修容刷

如果想让妆容更加立体，在脸部外侧刷上阴影，能达到很好的效果。斜角刷可以把轮廓修饰得层次清晰。宜选择刷毛触感柔滑，对肌肤没有刺激感的刷子。修容刷一定要单独使用，刷子沾了阴影色，再混合其他颜色，色彩就会变混浊。

推荐商品 | **R.** Alice X J-Lin 修容刷

化妆棉、化妆水

妆容长时间维持稳定性的小秘诀——湿敷。这道工序只需短短 3 分钟，就可以让妆前保湿达到更好的效果。让底妆维持平衡状态，就不容易脱妆或暗沉了。

推荐商品 | **S.** Imju 薏仁清润化妆水　**T.** 兰韵 可撕式化妆棉

Rule 12

增加时尚感的加分项（1）——发型

刚洗完头发时，发型总能呈现最美好的状态——随意拨动蓬松的发根，就能显现充满空气感的发丝线条，展现出随性慵懒的轻松感；不经意间拨动发丝的动作，也会美得让人不禁多看两眼。将发型视为妆容的最后步骤绝对没错。妆容的细节再好，发型若扁塌塌的，就会直接影响脸形，让颧骨看起来宽大，五官显得扁平。所以就算再忙，也要记得把发根弄蓬松了再出门。

洗完头发，逆着发根毛流吹干；也可用梳子从发根梳起后，向逆着发流的方向吹，就能更蓬松。用电卷棒烫出弧度后，打造甜美编发或绑个简单利落的马尾即可加分。最后将脸部两侧的发丝与发际边缘的小碎毛轻轻挑出来，就能达到既缩小脸形又别具风格的视觉效果。

发型可以改善脸部的轮廓

Rule 13

增加时尚感的加分项（2）——饰品

搜集各种适合日常配戴的略显浮夸的饰品是我最大喜好。对于妆容来说，饰品具有画龙点睛的作用，也会影响脸形的修饰。圆形脸适合能拉长脸形的垂坠感耳环；方形脸适合用又大又夸张的耳环修饰脸形两边的宽度；颧骨突出的菱形脸则适合柔和脸部线条的圆形、星形耳环。如果不敢尝试太多变化，就从珍珠类的款式开始吧，它具有既能展现优雅又不失存在感的点缀效果。

饰品能修饰脸形，
并有画龙点睛的效果

Rule 14

增加时尚感的加分项（3）——隐形眼镜

化妆前，我会先选好今天想戴的隐形眼镜款式——透明的、微微放大瞳孔的或具有变色效果的，再决定化何种风格的眼妆。将隐形眼镜的色彩搭配考虑其中，让自身呈现的色彩相互呼应，借变化双眸的色彩让效果更明显！

为你推荐几款我最常使用的款式。我喜欢戴直径 13.5 ~ 14.3 毫米的隐形眼镜，变色片的选色与肤色、发色及五官深邃感有关。我偏好冷色调的风格，如灰紫、灰、深绿会让我的眼神更明亮。肤色偏暖或平时眼神较为锐利的女孩可选用咖啡、粉棕、金棕变色片，除了搭配眼妆外，也能柔和眼神，增加亲切感。

Decorative
彩色放大日抛 · 柏金灰

这是网友咨询量最高的一款，几乎每次用都会被问。虽然有放大效果，但不至于太夸张，会让眼睛变得很有神。

ALCON 爱尔康
彩色日抛 · 灰 Gray

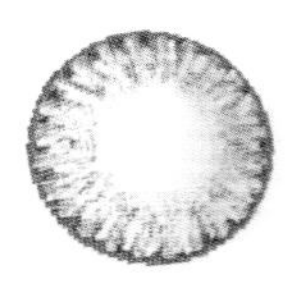

我最爱的一款，能让眼神多点神秘感。直径 13.8 毫米，不会超出黑眼球太多。搭配妆容，其变色效果不会过浅而让人产生距离感。

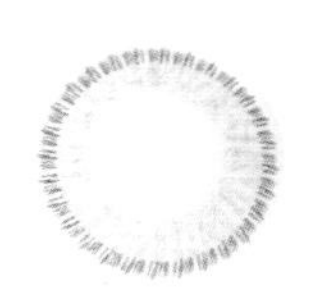

OPT 圆瑞
Birkin Gray

带灰蓝色的浅色混血感变色片，非常适合搭配色彩浓郁的晕染眼妆，将妆容色彩衬托得更鲜明。

专栏：韩国美妆体验

COLUMN

2018年我特意到首尔，前往清潭洞的美容院学习化妆，因为韩国彩妆师总有些有趣的小技巧可以参考。这次我约了最爱的韩国女艺人李圣经的彩妆师帮我化妆。我的职业是化妆造型师，因此我的感受会和普通顾客的体验不太一样。

韩国的造型是妆发分开，保养底妆由助理进行。助理上的底妆较厚重，但我觉得这就是韩国美妆的特色。上了两层用量偏多的粉底加遮瑕，再从细部遮盖小瑕疵，微量蜜粉后底妆就完成了。1～2小时后，妆感才是最佳状态。

粉底选色以白为主，刚上完粉底明显白了两个色号；不太重视修容，主要呈现脸颊的白皙肤况——这也是韩妆普遍让人觉得肤况好的原因。底妆方式我个人觉得在温热的天气里不太适用。参考他们的做法小小改良一下，把粉底分量减少且加遮瑕蜜调和，再层层叠搽，可以打造出在潮湿天气下也能安心的透亮水光底妆。

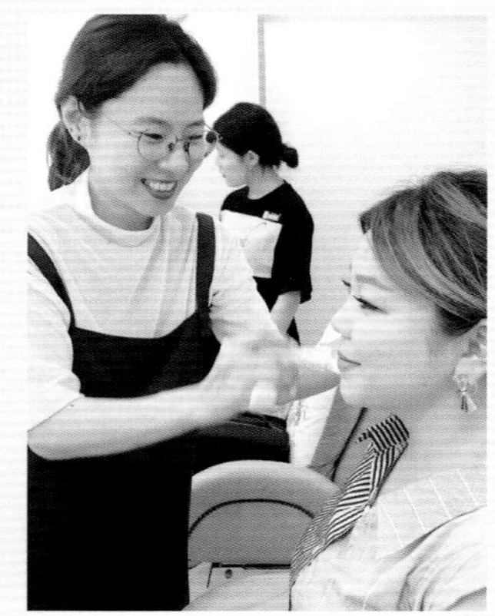

我最喜欢的是眼妆与眉毛的画法，可能也是李圣经的化妆师开始接手的缘故，她快速精确地化出了我想要的眼妆，非常适合我的五官，我很喜欢她的美感。眼妆的色彩不多，多半是打阴影的棕色系或带粉底的藕棕色，但是轮廓却很深邃，眼神也散发清新大眼效果。她贴下假睫毛的速度非常快。我自己就是爱化眼妆的狂热者，她能让我对眼妆满意很不容易啊！

高档美容院通常以欧美日系彩妆为主，韩系彩妆大概只用在唇彩上，但真的偏干，唇纹也比较明显。我喜欢她帮我选的橘色配色。

最后分享一下小小心得，以我多年的造型教学经验来看，很多女孩化妆稍微用力了点。不仅是力度，最主要是过度的搭配，让脸上呈现不和谐的妆感。以突出重点的减法化妆法，可以让妆感更好，这也是我觉得李圣经的彩妆师化得好的关键，懂得平衡多与少很重要！

Chapter 02

底妆的技巧，零瑕光泽肌的小秘密

对女孩们来说，底妆是彩妆的第一道关卡。

你是否有底妆不服帖、太厚重又束手无策的困扰？

想打造出能让肌肤呼吸的轻薄底妆，

同时兼具遮瑕与修容效果，不是不可能！

我的无瑕底妆术，

将底妆浓缩成 5 个重点，

使用的都是大家手边就有的底妆品，

简单几步骤，就能化出最强大的美肌底妆哦！

超级简单的3分钟光速底妆

啊！睡过头了！没时间了！即使离出门只剩下一点点时间，也想要拥有明亮肤质？让我们用最快的速度，简单5步骤完成底妆吧！

彩妆产品

- A 品木宣言 Dr.WEIL 青春无敌调理机能水
- B laura mercier 唤颜凝露（一般型）
- C 黛珂 AQMW 晶缎妆底精华露
- D 兰芝 玫瑰光双效气垫粉霜
- E SWEETS-SWEETS 水嫩舒芙蕾 #02
- F 植村秀 无色限玩色水润唇膏 #PK340

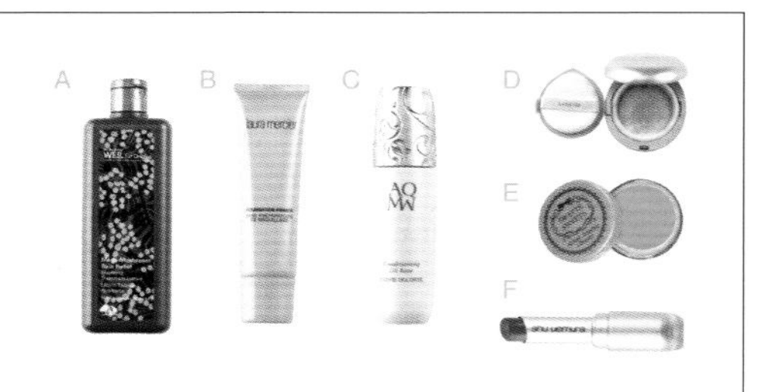

How to make

1 用化妆水轻拍，以利于后续保养品更好地吸收。

2 搽上保湿冻膜，让肌肤吸收足够的水分。

3 用纸巾按压按摩，促进多余的保养品吸收，也避免残余的保养品影响底妆。

4 选择透明度较高的防晒乳，由内向外匀开。

5 从脸部中央由内向外拍上柔雾感气垫粉饼，至少拍弹 20 下，让底妆更贴肤。

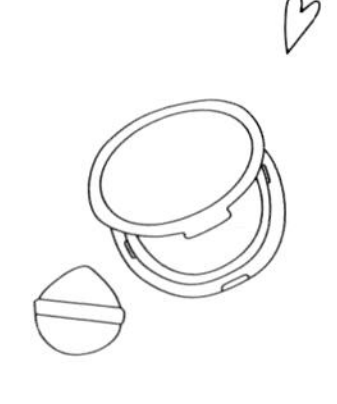

化妆焦点

★ 眼下三角区域轻轻地多拍几下，可以大幅增加脸部的明亮饱满度。

★ 没时间保养的女孩可以使用敷上 1 分钟就足够的早安面膜代替，化妆水和保湿精华都集中在一片面膜中，这是我自己妆前保养的省时小秘诀！

★ 想要快速完妆而省略定妆步骤，柔雾感的气垫粉饼持妆效果更优秀。

透彻了解妆前乳的用法，就可以拥有持久亮眼的底妆

妆前乳对于底妆，我认为与粉底一样重要，各占50%的比例。先用妆前乳为肌肤打好基底，容易出油的肌肤选择清爽控油型；干性肌肤选择保湿滋润型。肌肤打好基底后会变得稳定，再用粉底就不容易脱妆了。

不同颜色的妆前乳使用方式

矽基妆前乳

可以减少皮肤出油

填补毛孔，减少出油，以画圆的方式，先顺时针，后逆时针轻轻覆盖在容易出油的T字、鼻翼及脸颊内侧，让毛孔被完整填补。

推荐商品 | Etude House 有饰无孔柔焦霜

紫色妆前乳

调整蜡黄肤色

采用紫色妆前乳校正肤色，让肌肤显现具透明感的明亮度。

推荐商品 | 曼秀雷敦 水润肌柔光透亮防晒饰底凝露

粉红妆前乳

让气色变好

缺乏红润气色的女孩，可以用粉红妆前乳提升肤质活力感。

推荐商品 | SUQQU 晶采净妍妆前乳

绿色妆前乳

适用于泛红肌肤

泛红肌女孩选用绿色妆前乳，在脸部明显泛红处加强，淡化红感肤况之后，底妆将呈现出更干净的肤质。

推荐商品 | innisfree 大艺术家颜彩笔调色 #02 香草绿

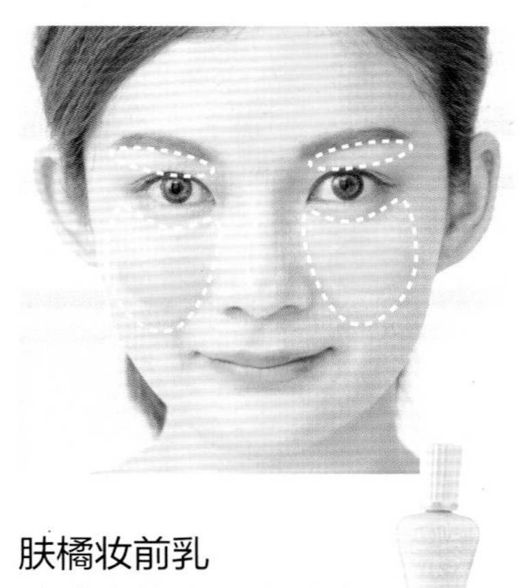

肤橘妆前乳

让脸上的小瑕疵消失

想要遮盖痘疤、黑眼圈、斑点等小瑕疵，以及上眼皮暗沉问题，先用橘色妆前乳修饰，可以遮盖 70% 的肌肤问题，后续粉底上妆将更薄透。

推荐商品 | PAUL&JOE 搪瓷丝润隔离乳 S #02

化妆焦点

★ 将肌肤容易出油的问题调整好，是底妆不暗沉且不易脱妆的小诀窍。

★ 不要期待只用粉底就能达到 100 分，善用妆前乳校正肤色，将肤色调整提升到 80 分以上的亮度，减少粉底用量，一整天不脱妆。

★ 各色妆前乳也能混搭使用，可以将肤色校正得更均匀。

彩妆新手也能完成的 80 / 20 提亮美肌底妆术

为自己建立新的美妆观念，抛弃涂抹乳液般的上粉底方法。在日常妆容中，只要强调充满提亮感的底妆立体度，就能快速创造出又轻又薄的透嫩美颜。提亮区上妆法对于彩妆刚入门的女孩来说，是掌握提亮立体底妆最快速的方法。

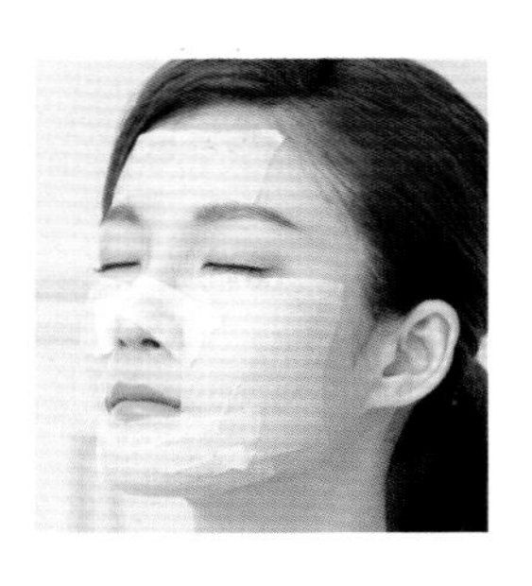

1 用 5 层可撕式化妆棉蘸化妆水后湿敷，让后续保养更好吸收。

2 选用保湿精华，增加保养品的用量，按摩全脸，直至充分吸收。

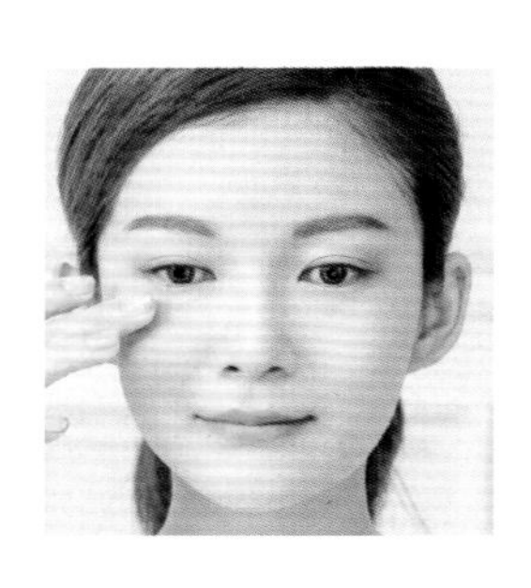

3 薄搽一层保湿冻膜，加强保湿持久性。

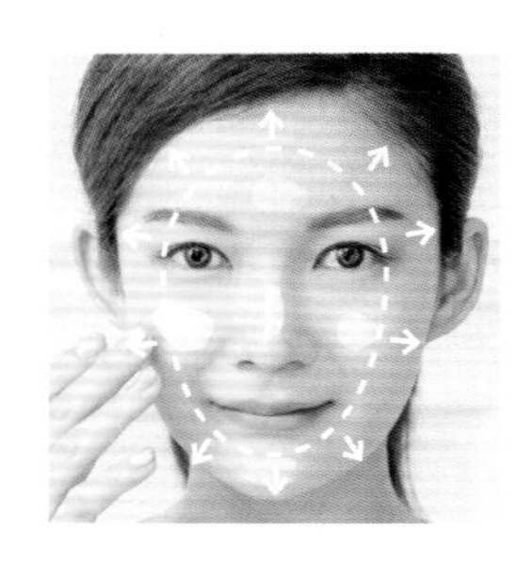

4 选择浅粉色妆前乳，薄搽于提亮区，提升肌肤透明感。在虚线内的范围先匀好，再将剩余的量延伸至线外处。

彩妆产品

- A 品木宣言 Dr.WEIL 青春无敌调理机能水
- B Laura Mercier 唤颜凝露（一般型）
- C 黛珂 AQ MW 晶缎妆底精华露
- D RMK 水凝粉底霜 #201
- E THREE 蜜粉
- F J-Lin 6in1 美妆蛋

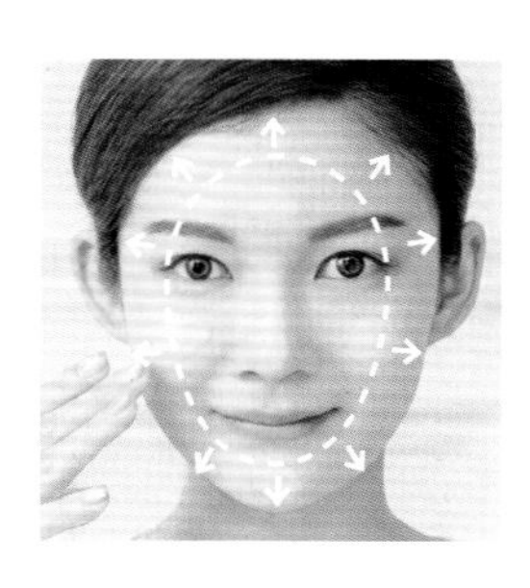

5 用接近自然肤色的粉底液修饰小瑕疵。同样先从提亮区涂均匀，再往外搽涂。

6 用海绵按压全脸，等待第一层粉底微干。这时可以先进行眉毛、眼妆步骤。

7 选用比肤色更浅的高光棒，局部提亮眼下、鼻梁、下巴和太阳穴部位。

8 用细致轻盈的蜜粉，从发际线开始定妆，再带到T字部位和轮廓线部位，最后带到脸颊。

化妆焦点

★ 无须全脸搽同等分量的粉底，必须着重高光区妆效，将少量剩余的妆前乳或粉底向发际线和轮廓线延展就好。

★ 第一层底妆做到均匀肤色达到80分即可，剩下20分利用高光棒完成。待第一层底妆微干，再重点加强局部提亮，这种做法能延长底妆妆效。

★ 做好保湿是延长完美妆容的关键，大多数女孩保湿品用量不足，粉底用量过多，才会导致脱妆、卡粉。

明明使用同样的彩妆，为什么有些女孩的妆容总是那么清透自然，而自己的底妆总是厚重又不持久呢？关键就在于“用湿海绵完成底妆”的决定性步骤。

从此跟浮粉说再见，拍拍弹压印章式底妆

How to make

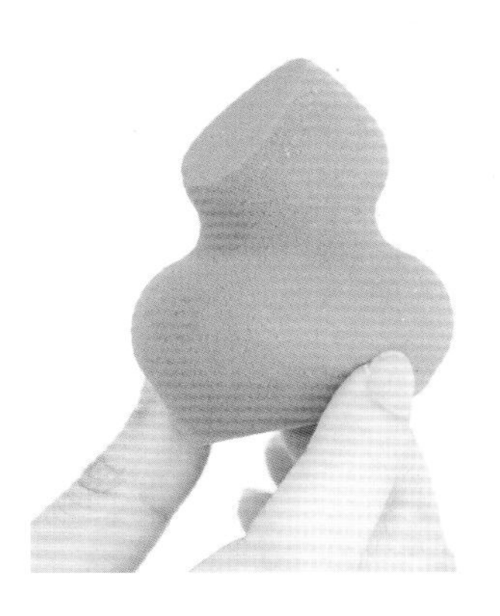

1

选择柔软且有弹性的化妆海绵，完全浸润于水中。用纸巾压出多余的水分，使海绵保持充足的含水量。

2

上完妆前乳后，将粉底均匀分配在脸部的提亮区。

3

从脸部中央处由内向外匀开一粒米大小的粉底后，用湿海绵弹压全脸。放松手部力量，以摆动手腕的方式，让海绵大面积服帖至脸部。像盖印章一样，微微用力拍弹 10 ～ 15 下。

4 在眼下和鼻翼处，换成美妆蛋的尖头部位拍按。

5 等粉底微干后，用比肤色浅两色的粉底加强在眼下三角区提亮。

6 用美妆蛋按压第二层底妆，增加服帖性。

7 用长绒毛粉扑沾取微量蜜粉，压在 T 字、发际线等容易出油的部位定妆。

化妆焦点

★ 想表现轻透感底妆，用湿海绵上妆；想要遮瑕力高则用干海绵上妆。

★ 湿海绵可以减少与肌肤的摩擦，吸附的粉底量也非常少，更容易控制粉底用量。

★ 韩国新娘底妆之所以能呈现水煮蛋般的光透肤质，就是靠海绵弹压 5 ~ 10 分钟，将底妆拍薄透，拍服帖。

彩妆产品

A J-Lin 6in1 美妆蛋
B 三善 四色遮瑕膏
C 黛珂 AQ MW 晶缎妆底精华露
D SUQQU 晶采光艳粉霜 #002
E RMK 水凝粉底霜 #201
F THREE 凝光蜜粉

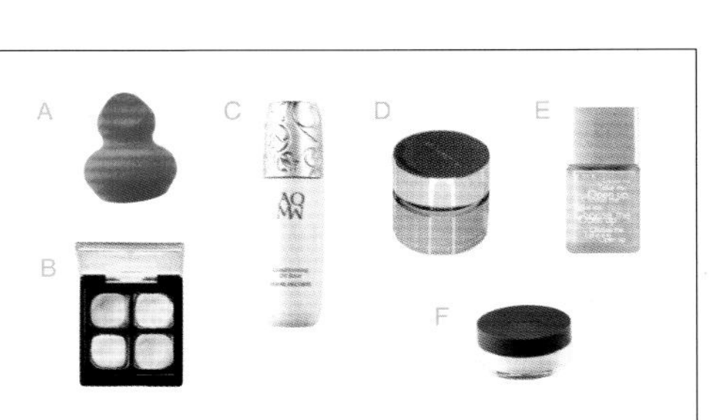

明明化了妆，却依旧倦容满面，总是给人没睡够的印象，解决的关键就在于黑眼圈与泪沟！对于黑眼圈，学会校色比遮盖更重要。把看起来显露疲惫的泪沟凹陷阴影部位，利用彩妆的光影效果进行修饰，就能让苹果肌“微整”出满满胶原蛋白的饱满光彩。

消除疲惫感！不露痕迹的黑眼圈、泪沟遮瑕术

How to make

1 素颜状态，有微微黑眼圈和轻度的小泪沟问题。

2 保养后，用润色妆前乳修饰脸部明亮感。

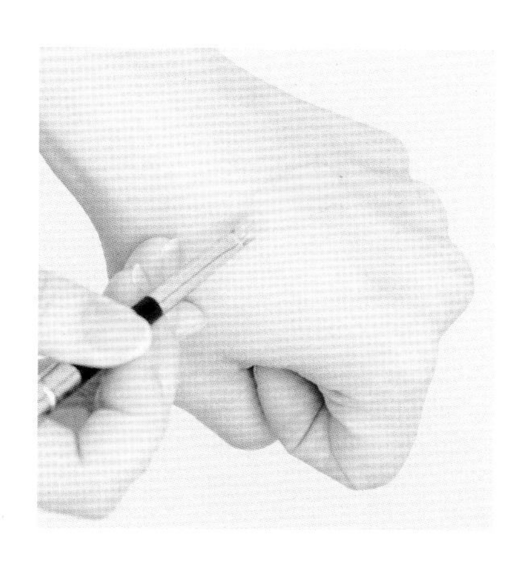

3 用接近肤色或比肤色深一色号的肤橘色遮瑕膏校正黑眼圈暗沉（遮瑕盘中的橘色调）。用尖头唇刷作遮瑕刷，沾取遮瑕膏后在手背上匀开，避免分量过多。

4 用刷子的侧面拍压在黑眼圈部位。黑眼圈靠近正常肤色的边界是颜色最深的地方。由此处开始拍上遮瑕膏，再慢慢向眼头处按压。

5 眼角的暗沉阴影会影响眼妆的干净度，用遮瑕余粉向眼角区域拍按。

6 黑眼圈遮瑕后，在脸部中央由内向外拍上粉底。等待这层粉底干的时候，可以先画好眼妆与眉形。

7 泪沟处会有一条比肤色深的阴影，在此处轻轻压上具有膨胀感的浅米黄色遮瑕膏提亮。（将遮瑕盘中的黄＋浅肤色按 2 ： 1 调和。）

8 嘴角周边的暗沉会使唇形看起来下垂，仿佛心情不佳。用浅色遮瑕膏提亮嘴角，并向上刷，打造充满笑意感的唇形。

9 用具有微微提亮苹果肌效果的浅色蜜粉饼按压眼下三角区定妆，再拍上蜜粉定妆。

彩妆产品

A 黛珂 AQ MW 晶缎妆底精华露
B 三善 四色遮瑕膏
C SUQQU 晶采光艳粉霜 #002
D RMK 水凝粉底霜 #201
E 黛珂 AQ MW 舞蝶光润保湿唇膏 #pk855

化妆焦点

★ 泪沟或眼袋是支撑眼周的胶原蛋白流失后产生的微微凹陷感，化妆无法让眼袋消失，但可以通过光影原理修饰凹凸情况。

★ 在眼袋凸出的位置压上自然色遮瑕膏，凹陷位置压上浅米黄色，让阴影在视觉上变得膨胀而明亮。

★ 眼袋要想遮得好，必须薄薄地慢慢叠搽，在第一层粉底后别急着修饰，而要等待底层粉底变干后再叠上，才不会因粉底滑动而无法精准拍压在想修饰的部位。

套用美颜滤镜般的柔和微雾感妆容

从底妆开始就为肌肤套上一层“柔焦滤镜”，小瑕疵、小斑点通通被我隐去。这是一整天在外奔波，底妆依旧干净无瑕的秘诀！

How to make

1

基础保养后，在T字部位、鼻翼两侧涂抹控油妆前乳，避免上妆几小时后油光浮现。

2

在最易干燥脱皮的脸颊两侧，涂抹保湿型妆前乳打底。

3

黑眼圈部位用肤橘色调修饰暗沉、代谢不佳的眼周肤色。

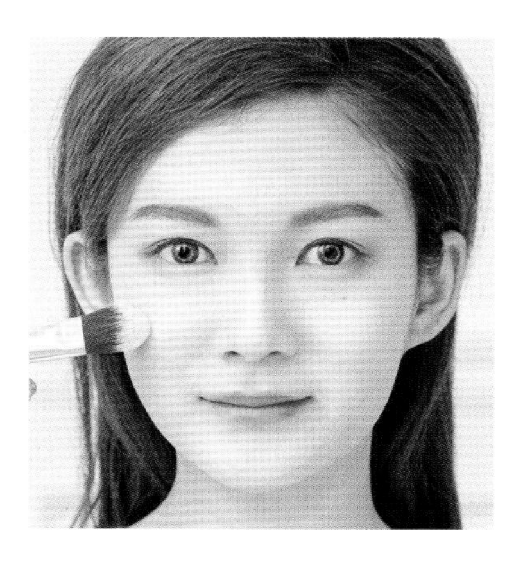

4

选择微雾光质地粉底，在手背按压一下匀开，薄薄地由脸部中央向外延展，再用海绵拍弹。

5 粉底半干后，用蜜粉刷沾取透明感蜜粉，抖掉多余的粉末，让蜜粉均匀分布于蜜粉刷。

6 蜜粉刷先从发际线、轮廓线这些粉底上妆较少的部位轻轻扫过。

7 用膨润提亮型蜜粉轻扫眼下、T字部位和鼻翼两侧，再将剩余粉末刷至脸颊两侧。

化妆焦点

★ 以上述方式定妆，能让底妆充满柔焦质感，并且延长干净妆容的时间。

★ 脸颊最后以浅粉色蜜粉定妆，加强提亮区域，就能让肌肤拥有膨润且饱满的陶瓷雾光质感。

★ 创造干净明亮的底妆是整体妆容好看的关键，能强化眼妆、腮红的效果。

彩妆产品

- A **艾杜纱** 零毛孔无瑕美肌控油液
- B **香缇卡 Just Skin** 自然肌肤轻底妆 #ALABASTER
- C **Solone** 妆前亮眸笔
- D **BOBBI BROWN** 持久无痕轻感粉底
- E **Surratt** 艺术家腮红 #PARFAIT
- F **IPSA** 极致蜜粉饼
- G **SUQQU** 晶采亮颜蜜粉饼

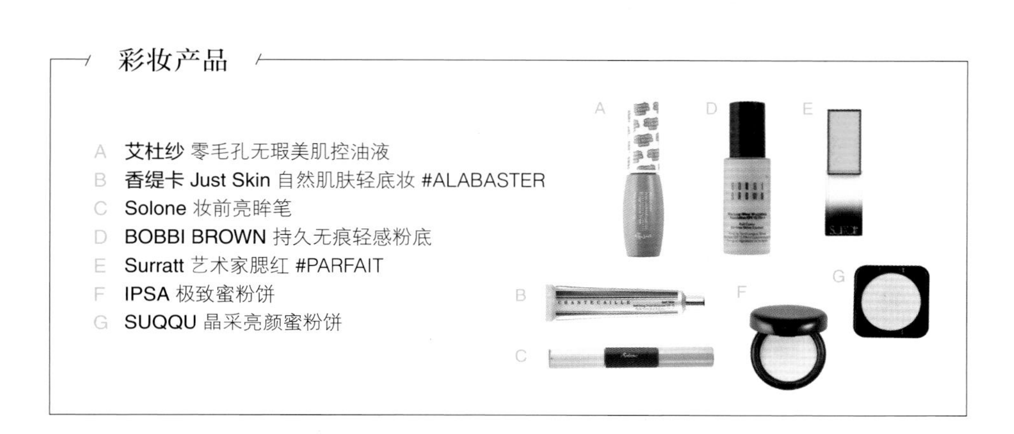

Chapter 03

改变眼妆技巧，就有整型效果

只要 3 招，眼睛瞬间放大一倍，

超级“诈欺眼妆”，让你赢得漂亮！

3 个技巧详细教学：贴上隐形双眼皮→

戴上自然感假睫毛→画上迷人眼线，

就能拥有完美的迷人眼妆！

网络最热的“诈欺眼妆”课程不私藏，

无辜的圆圆眼线、

微微上扬的利落眼线、

性感度爆表的小猫眼眼线……

让你拥有多变的魅力。

CHAPTER 03

改变眼妆技巧，就有整型效果

手残女轻松上手的小清新日常眼妆

ALICE TALK

不想太张扬，却又想拥有眨眼时能散发一闪一闪光感的清新眼妆，只要在做好主色眼影渐层后，多加一个步骤就能完成。必学的亮眼小心机请参考以下步骤。

How to make

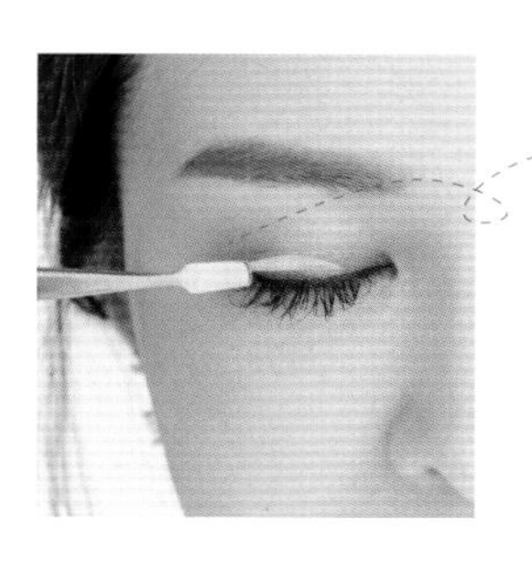

1 眼睛大小差异明显的话，在眼影上色前贴上双眼皮贴。

化妆技巧

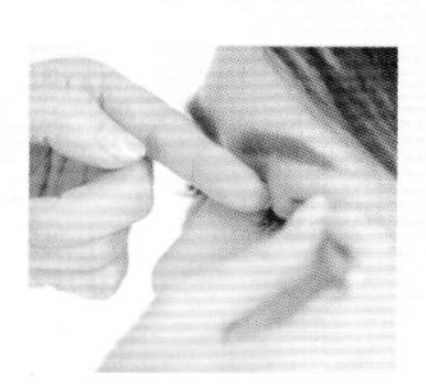

贴双眼皮贴时，要按住眼头，再向后拉，稍用力按压贴上。

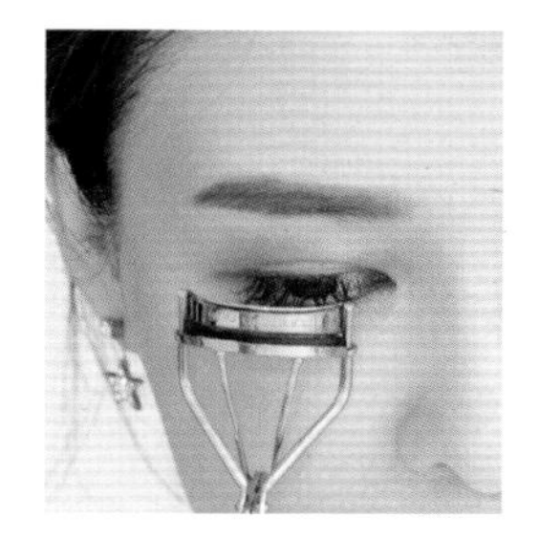

2 夹翘上睫毛。将透明眼影底膏在手上匀开，按压在上下眼周。

3 选择充满活力的粉橘色眼影，用指腹或中型眼影刷，以打直的方式轻轻点压在睫毛根部与眼褶内。

4 用眼影刷将余粉晕染开，到眼窝前颜色越来越淡化。重复按压上色、晕开的动作两次。

5 用干净的指腹沾取微微珠光的浅色眼影，按压在眼皮突出的黑眼球位置。让眼妆层次饱满，并在中央聚焦亮点。

6 画上深咖啡色内眼线，并填补睫毛根部空隙。

7 在黑眼球下方与下眼头处轻轻画上浅色眼影作为卧蚕。

8 夹翘或烫翘睫毛后，刷上睫毛膏完成眼妆。

9 在眼尾与黑眼球下方轻轻拍上腮红，向左右画圆晕染开。

10 以甜美的浅玫瑰色点缀唇妆。

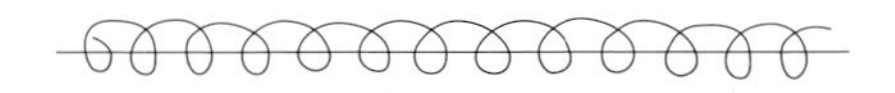

化妆焦点

★ 主眼影色可以替换为自己喜爱的色系。

★ 亮片颜色与眼影同色系，看上去较为柔和，喜欢凸显亮度的女孩可以使用香槟金或浅粉色亮片。

★ 亮片也可以用金属珠光粉质代替，这样能强调眼妆的立体感。

彩妆产品

A 植村秀 睫毛夹
B CANMAKE 多功能眼妆底膏
C EXCEL 裸色深邃眼影 #05 摩登橙棕
D INTEGRATE 超顺手抗晕染眼线胶笔 #BR620
E MOTE MOTEMASCARA 自然纤长美睫修护睫毛膏
F NARS 炫色腮红 #ORGASM
G M.A.C 零色差唇膏 #KING SALMON

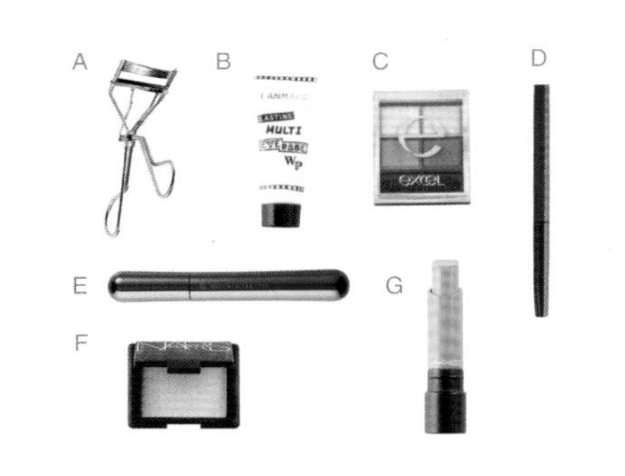

邻家女孩的活泼亲切感：草莓奶昔妆

彩妆产品

A CANMAKE 多功能眼妆底膏
B JILL STUART 粉彩糖砖颜彩盘 #118 beautiful bloom
C SUQQU 晶采立体眼彩盘 #108 晓空
D INTEGRATE 超顺手抗晕染眼线胶笔 #60
E A'PIEU 珠光眼线笔
F CHANEL 香奈儿防水眼线笔 #827
G VISEE 星灿诱色眼影盒 #BE-1
H KISS ME 睫毛膏
I 兰芝 玻璃诱光蜜唇膏 #07

每次化粉色眼妆，总是让我感觉活力满满，增加了亲切感。不过很多女孩担心粉色的膨胀感会让眼睛变成泡泡眼。放心，放心，让我带你选色，大胆尝试能衬托肤色的明亮奶昔粉吧！

How to make

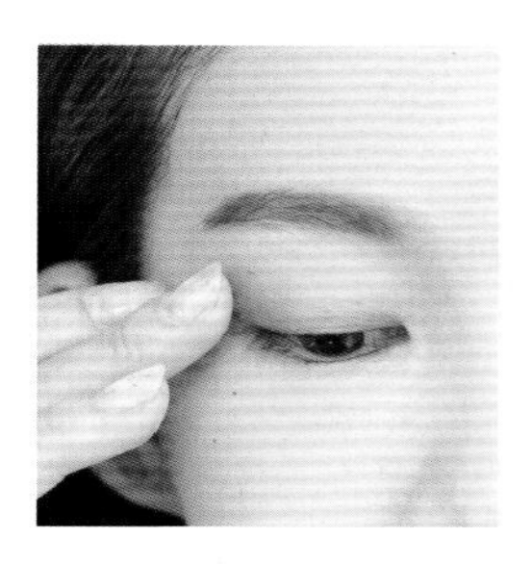

1 夹翘睫毛，在手上匀开眼影打底膏后，轻压在眼皮上。

2 用眼影刷沾取草莓粉色腮红，轻轻按压在睫毛根部与眼褶之间的部位。

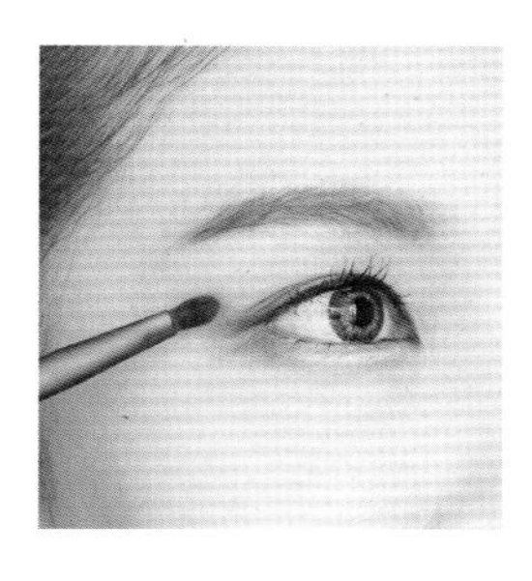

3 用晕染刷由下向上将眼影边界匀开直至眼窝位置。用眼影刷或指腹重复以上动作，晕染两三次。

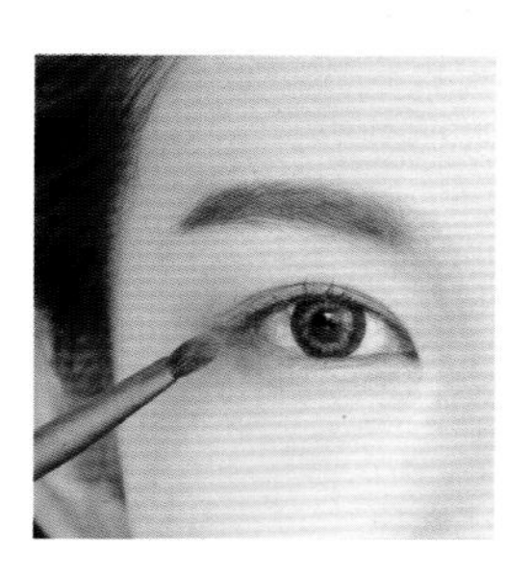

4 用小眼影刷沾取红咖啡色，刷在黑眼球下方的眼周位置，增添俏丽感。

5 用淡淡的浅粉色眼影笔轻轻滑过下眼周笑起来最突出处，只在眼头与黑眼球下方即可。

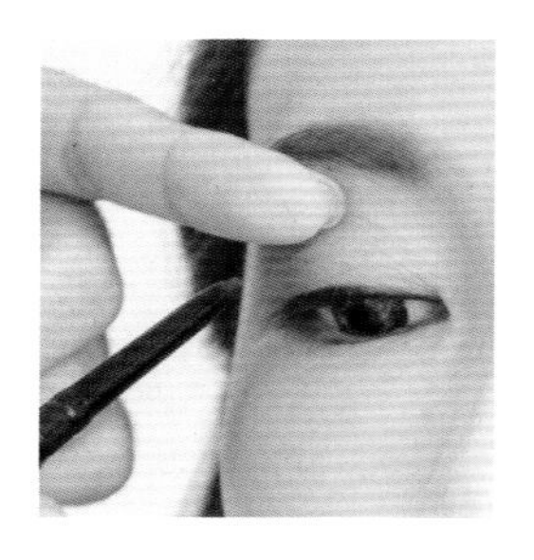

6 用咖啡色眼线胶笔填补内眼睑，描绘在睫毛根部。

7 刷上打底睫毛膏后，刷上浓密睫毛膏，完成眼妆。

8 为增添少女俏丽感，腮红位置可以靠近眼尾，轻拍上色后微微晕开边界。

9 统一妆容色系，唇妆也以可爱感十足的粉红色为主，尽量点拍在唇部中央，再向唇边匀开。

化妆焦点

★ 用粉色腮红作眼影所呈现的粉红感，更加甜美柔和。

★ 泡泡眼女孩只要在眼窝处轻刷上浅浅的卡其色(眉粉最浅色)，就能安心玩色彩哦!

★ 为了不抢走眼影晕染的层次，选用咖啡色眼线，相比用黑色眼线，更能起到增加眼神亮度与放大眼妆的效果。

姐妹聚会必备，波光闪闪美人鱼卧蚕眼妆

ALICE TALK

女孩们的聚会上少不了狂拍合照，这是精心妆扮的最好理由。化一个只有女孩才懂的有趣、微微浮夸或带点小心机细节的眼妆是首选。把焦点放在宛如美人鱼鳞片般散发光芒的可爱卧蚕上。

How to make

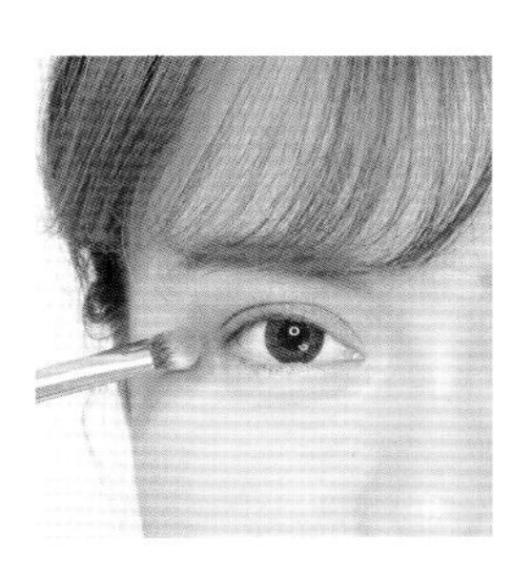

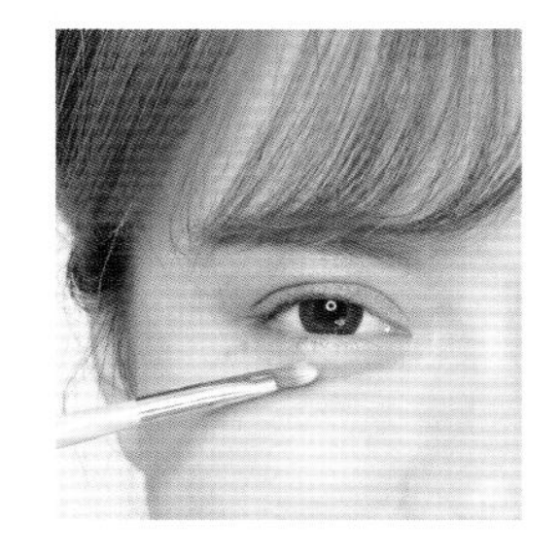

1 用眼皮底膏打底，夹翘睫毛后，将淡咖啡色眼影涂在眼褶内。

2 用眼影刷轻柔地将色彩边缘向上晕染至眼窝。

3 用小眼影刷沾取淡咖啡色，轻柔地刷过黑眼球与眼头下方的眼周范围，营造更明显的卧蚕阴影。

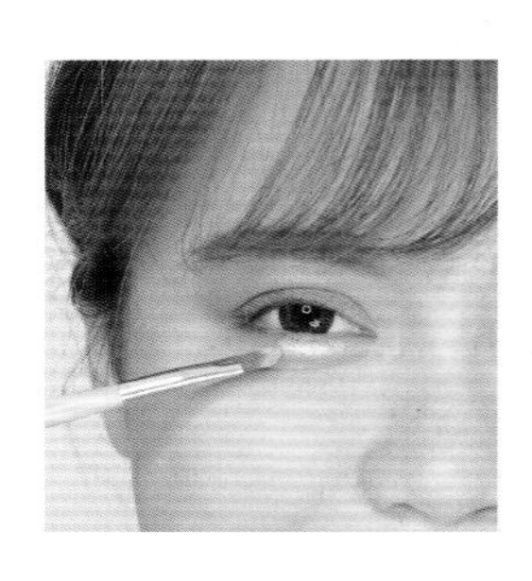

4 在黑眼球与眼头下方笑起来最突出的部位轻轻刷上珠光眼影，凸显卧蚕的高光效果。

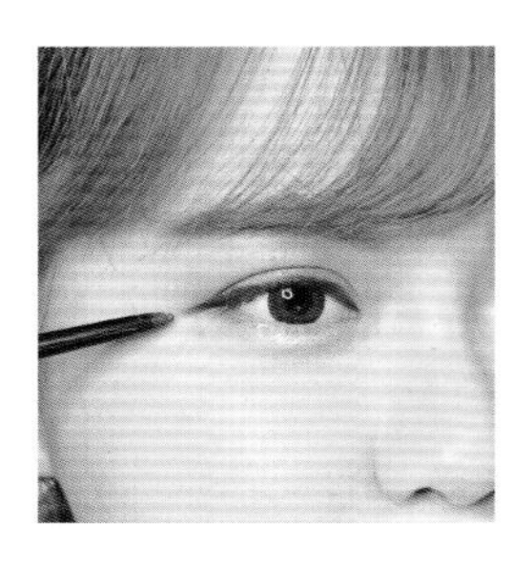

5 用深咖啡色眼线笔在内眼睑与睫毛根部描绘隐形眼线，并将线条向下拉长延伸，画出圆弧眼形。

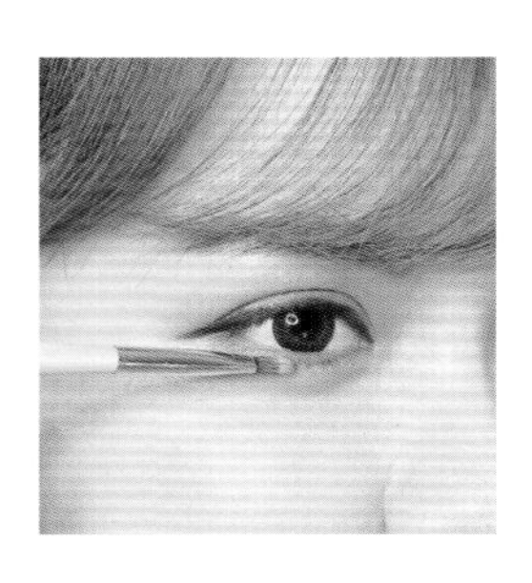

6 将淡咖啡色眼影细细地、轻轻地刷在下睫毛根部位置，让卧蚕更加饱满。

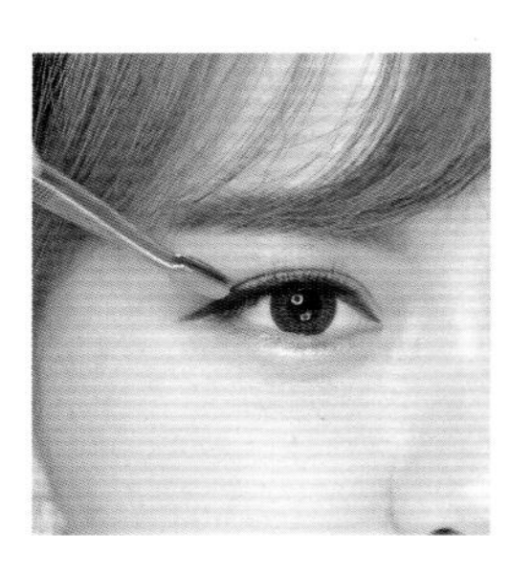

7 戴上自然款假睫毛，以斜45°戴在睫毛与眼皮的空隙间，让假睫毛呈现更翘的弧度。

8 将纤长款睫毛膏刷在上下睫毛上。

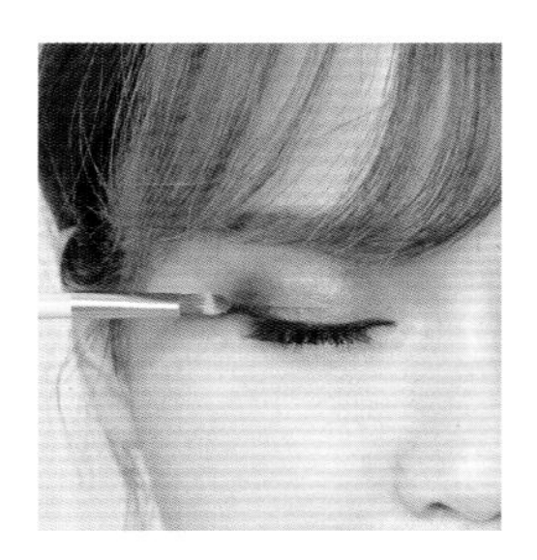

9 在眼尾小三角区刷上深咖啡色并晕染开，让眼形更加深邃。

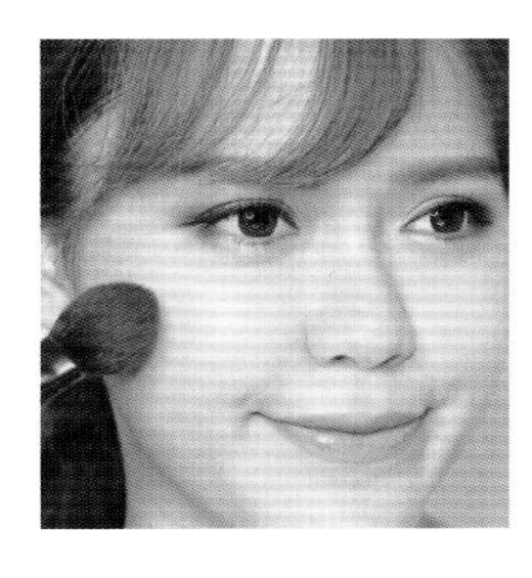

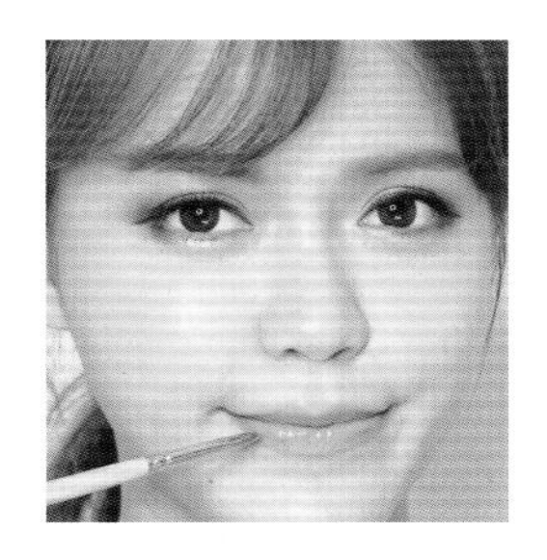

10 为打造可爱粉嫩的气息，在脸颊大面积刷上浅粉色腮红。

11 把妆容的焦点留在卧蚕处，唇色也选用甜美的淡粉红色调，并点上少许唇蜜增加亮度。

化妆焦点

★ 微笑，让眼下弧度自然膨出，就能找到最适合画卧蚕的位置。

★ 在卧蚕下方增加微量阴影，使卧蚕的立体度更自然，也能让卧蚕的亮度与上眼影的亮度相呼应。

★ 日常妆容可搭配最长处约1厘米的假睫毛，呈现明亮眼神的效果最自然。

彩妆产品

A CANMAKE 多功能眼妆底膏
B VISEE 星灿诱色眼影盒 #BE-1
C BY TERRY 时尚焦点眼影笔 #Blond Opal
D INTEGRATE 超顺手抗晕染眼线胶笔 #BR620
E 3CE TAKE A LAYER 唇颊盘 #HOLLY HOCK

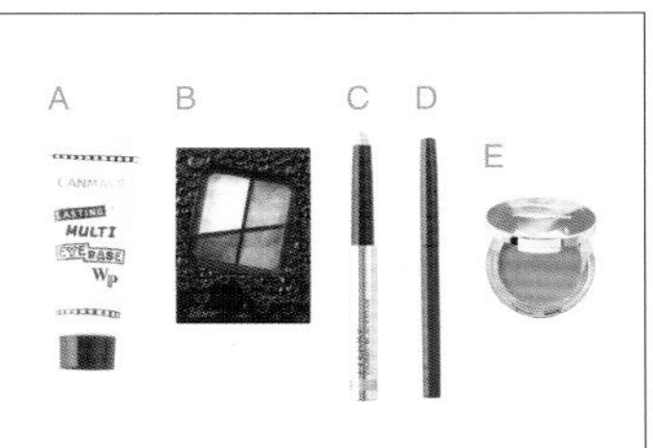

我坚信快乐的女孩最美，我坚信明天会更好，
我也坚信这个世界会有奇迹。
——奥黛丽·赫本

少了眼线，眼睛反而变大！只靠眼影晕染的柔和大眼妆

ALICE TALK

化妆的有趣之处就在于少一点与多一点的斟酌，没有绝对的规则，才会有更多变化。舍弃眼线的妆容，让晕染的眼影成为主角，以深浅渐层的色彩放大眼睛。

How to make

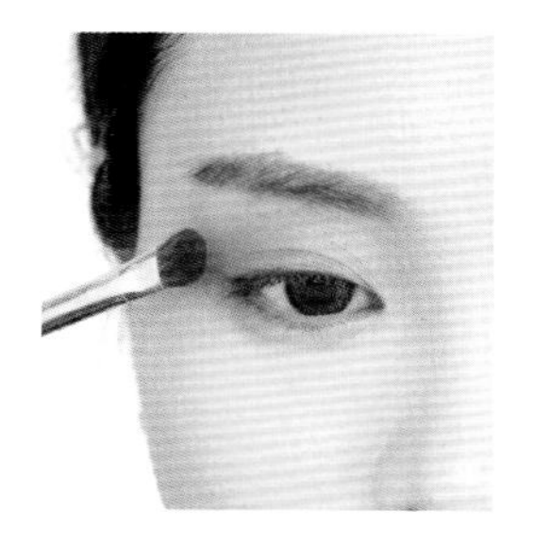

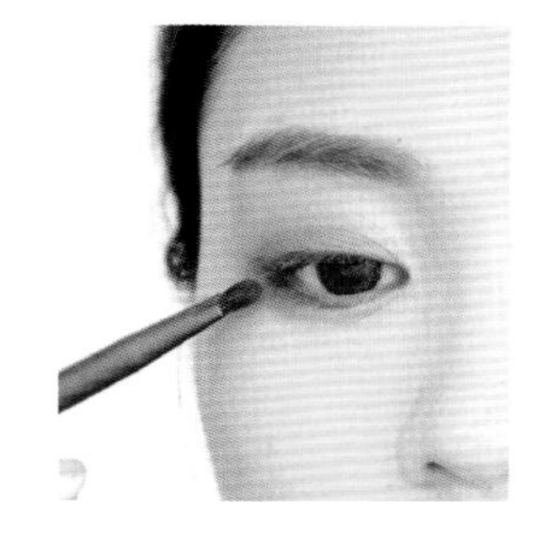

1 将睫毛夹放在睫毛根部，从此处开始轻轻夹翘睫毛。将手肘抬高，一段段向上轻夹，过度用力反而无法卷翘。

2 用眼影刷侧边沾取主色调淡紫色。先在眼褶内轻柔按压上色，再由睫毛根部向眼窝处轻柔地散开色彩，重复一两次以加深颜色。

3 下眼影使用同样的色调，用小眼影刷沾取后点压在眼尾的后1/3处。

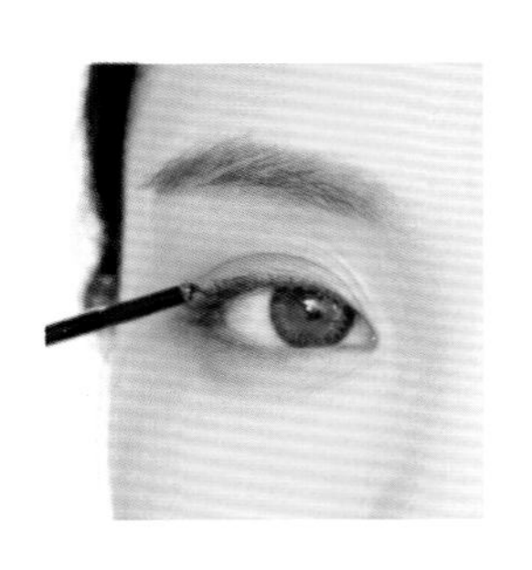

4 用睫毛复活液打底，为细软睫毛增加定型能力，维持根根分明的卷翘度。

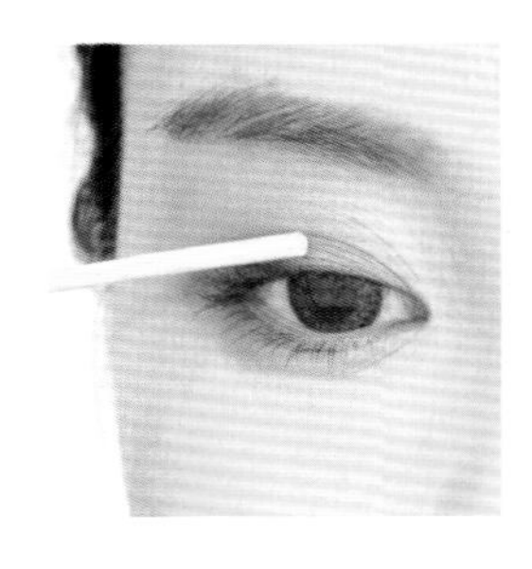

5 短竹签用打火机微微加热后，靠近睫毛根部，使之向内凹，一段段凹出卷翘感，将睫毛烫得卷翘。

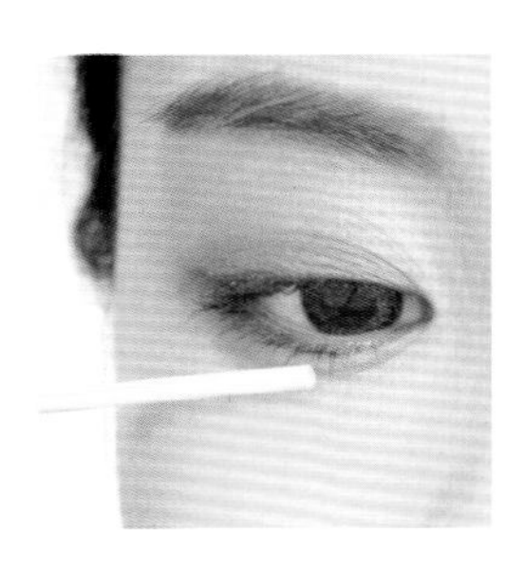

6 向上翘的下睫毛也用加热过的竹签向下按压，将下睫毛烫出纤长效果。

7 将浓密型睫毛膏以 Z 字形横向刷一两次，增加睫毛的存在感。

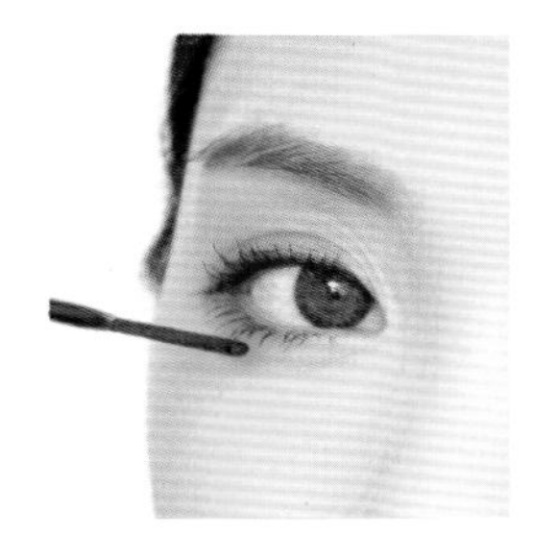

8 下睫毛用浓密型睫毛膏重复刷一两次，增加睫毛的存在感。

化妆焦点

★ 眼妆的主色调可以根据穿搭更换色系，土棕色、粉橘、干燥玫瑰粉色、优雅薰衣草紫都是迷人好搭的亮眼色调。用指腹匀开眼影时，必须用极轻的力度，让颜色晕染得层次更柔和。

★ 想要达到深浅层次更漂亮的眼影晕染效果时，可慢慢叠加至高饱和色彩。

★ 用竹签烫睫毛时，请从根部开始，向内、向下凹卷睫毛，才能达到绽放睫毛的效果。

CHAPTER 03

改变眼妆技巧，就有整型效果

必不出错！指定色排行榜第一名，超百搭橘金棕眼妆

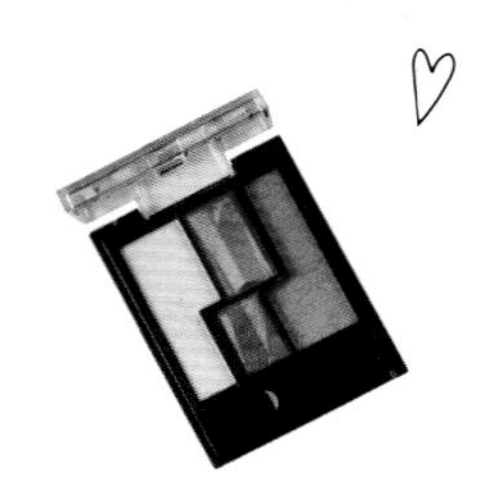

ALICE TALK

在彩妆课上，最受女孩们青睐的眼影色一定是它——带橘的暖金棕色。不仅可以衬托肤色的白皙度，比起一般只强调阴影的低调大地色，更能在日常妆容中散发耀眼活力。

How to make

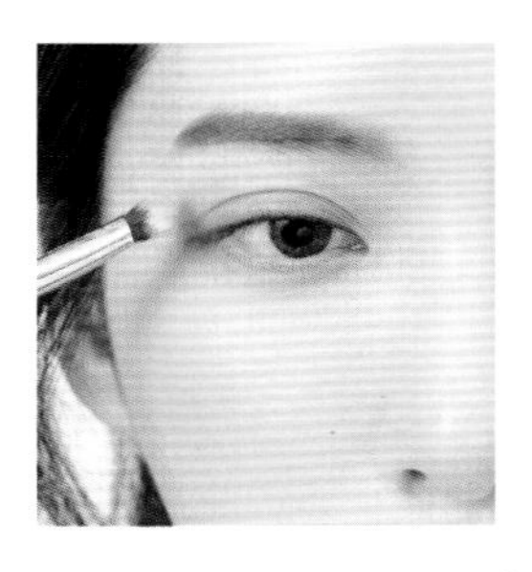

1 夹翘睫毛后，为了让眼形更深邃，在眼窝处刷上雾棕色作为阴影修饰。

2 将橘棕色眼影轻柔地按压在睫毛与眼褶线内。

3 由下向上大面积地将橘棕眼影刷开，直至眼窝处慢慢淡化。上下眼影叠上同色系。

4 将光泽感明显的亮片眼蜜点压在眼皮黑眼球突起位置。

5 夹翘睫毛后，将黑色眼线液填补在睁开眼会看到的内眼睑肉色区域。

6 用眼线胶笔在睫毛空隙处填补上眼线，眼尾延伸的线段角度稍稍向下并拉长，让眼形呈现更圆的效果。

7 在眼尾叠上深咖啡色，用小眼影刷轻柔地晕开边界，由眼角向内晕染至后方眼白的一半处即可。

8 下眼影眼尾处也用刚刚刷完深咖啡色的余粉，轻轻刷过后段下眼角靠近睫毛根部的位置。

9 以珠光高光粉点亮眼头处，不仅能增加妆容立体度，在视觉上也有拉长眼形的效果。

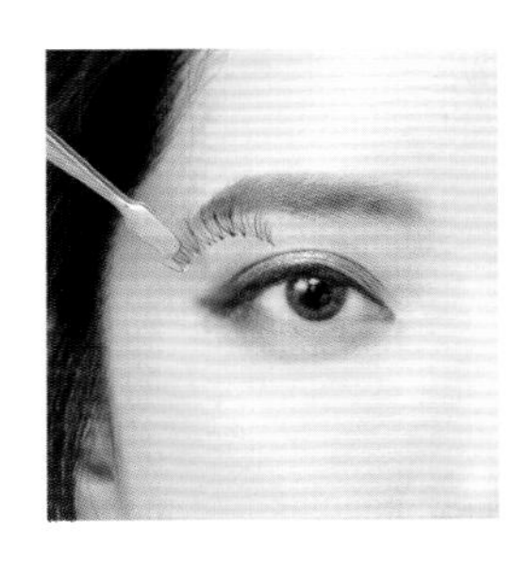

10 戴上自然轻盈的假睫毛，增加眼妆层次。

11 用海绵沾取唇颊霜，先在手背上匀开，再轻点在脸颊的腮红位置——从眼尾至黑眼球下方的范围。同色系唇颊霜刷在唇上，唇色与腮红保持同色系，妆容重点将聚焦在眼妆部分。

彩妆产品

- A M.A.C 焦点小眼影 #OMEGA
- B KATE 怀旧摩登眼影 #BR-1
- C INTEGRATE 超顺手抗晕染眼线胶笔 #BR620
- D EXCEL 绝色完美眼线液 #RL01
- E DUP 假睫毛 #01 SWEET
- F DUP 长效假睫毛胶水黏着剂 #EX552
- G 3CE TAKE A LAYER 唇颊盘 #HOLLY HOCK

提升时尚感！
彩妆课程最受欢迎的气质名媛妆

ALICE TALK

内双眼形很容易因为没睡够或水肿，而让眼褶变得又窄又泡，怎么看都是睡眠不足的模样。眼睛一大一小，拍照更明显。这些问题都能用双眼皮贴来解决，不需要美颜软件放大双眼，就能拍出完美照片。

How to make

1 将 3M 肤色透气胶带剪出 2 厘米长度的弯月半弧形，作为双眼皮贴。贴在只用饰底乳润色的眼皮上，双眼皮贴弧度最高处放在黑眼球上方。

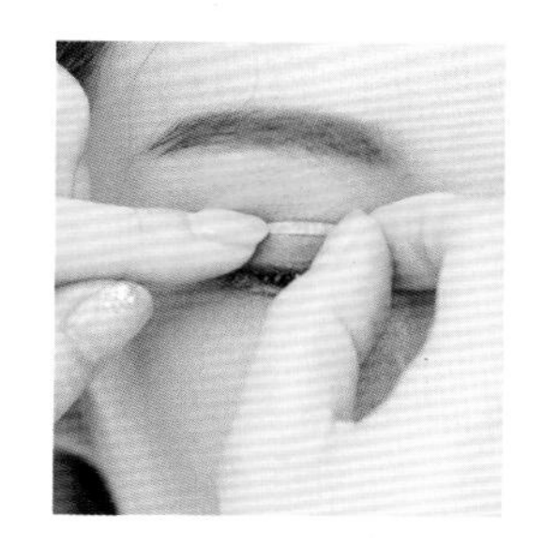

2 轻轻压住双眼皮贴的眼头部位，向后延伸拉展后贴上，让双眼皮贴更有张力，放大眼睛。

3 将玫瑰色眼影大面积刷在上眼皮处，由下至上慢慢晕开，在双眼皮贴处多刷几次，让色彩更饱和。

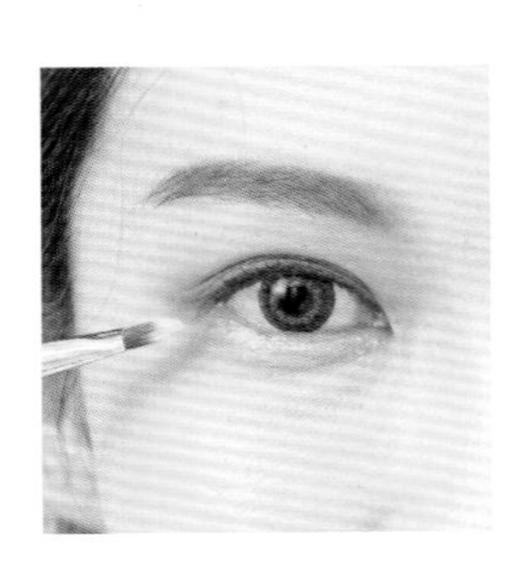

4 用小眼影刷沾取浅色眼影，作为卧蚕高光。

5 用深咖啡色眼线笔描绘眼线，在黑眼球上方稍稍加深加粗，让眼形更圆。

6 贴上自然款假睫毛，让眼皮更有支撑力，增加眼妆亮度。

7 将玫瑰色腮红轻轻刷在黑眼球与眼尾下方位置并晕开。

8 用粉雾感提亮型浅粉色腮红（参照商品 I）提亮苹果肌。

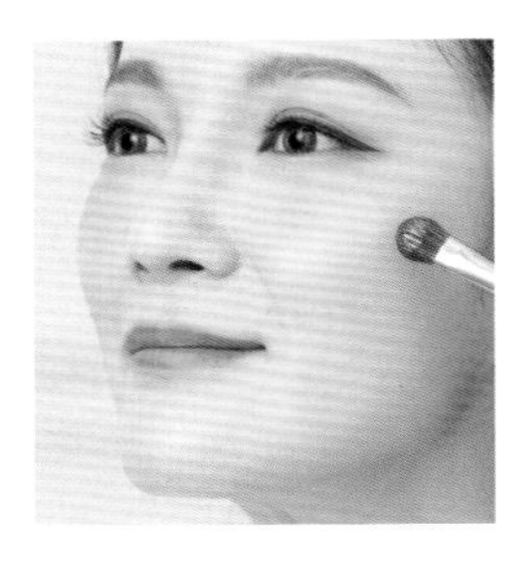

9 沾取微量高光膏轻轻刷在脸部轮廓线，肌肤光感瞬间得到提升。

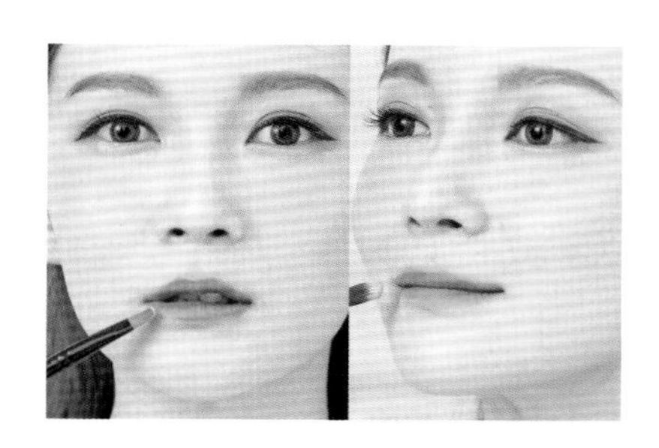

10 刷上让妆容更亮眼的橘红色唇膏，并在唇妆上增加小巧思：珠光浅粉色叠刷在唇外侧，创造雾面却又翘嘟的唇形轮廓。

化妆焦点

★ 肤色双眼皮贴不反光、能着色、隐形效果佳，不过支撑力较弱，眼皮脂肪较多的女孩请选择稍厚的款式（但通常容易反光）。

★ 单眼皮眼形建议使用网状双眼皮贴或双面胶型双眼皮贴，如果能戴上假睫毛，支撑眼皮的效果更好。

★ 贴双眼皮贴时，用手辅助按压一端，另一边向后延伸，稍微用点力度向内压，才能让眼皮褶线深邃有神。

彩妆产品

A 3M Nexcare 透气胶带
B Anastasia Beverly Hills Norvina Eye 眼影盘
C Miche Bloomin NO.03 纱荣子自然裸妆假睫毛
D DUP 长效假睫毛胶水黏着剂 #EX552
E INTEGRATE 超顺手抗晕染眼线胶笔 #BR620
F DUP 极细丝滑防水眼线液笔 #NATURAL BROWN
G Kiss me 睫毛膏
H Visee 蕾丝腮红 #RD400
I ILLAMASQUA 腮红 #katie
J MARC JACOBS BEAUTY 高光棒
K 植村秀 无色限粉雾保湿唇膏 #OR570

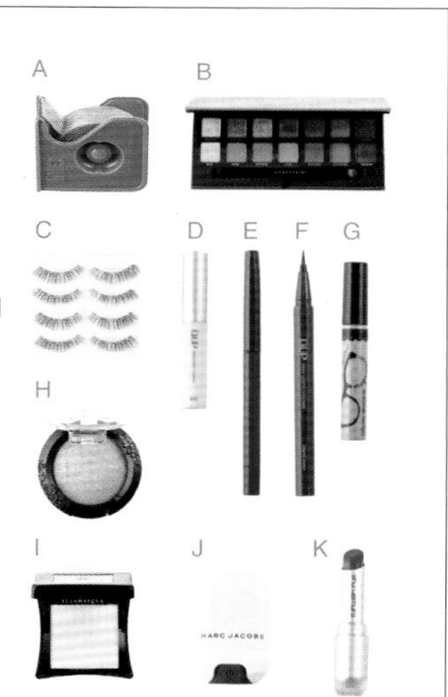

甜心当腻了，
偶尔叛逆要坏厌世妆

ALICE TALK

淡淡颓废感的冷漠颜流行。可爱的圆眼少了点气势，那就将眼影改为细长形，释放自己的另一面，让妆容不再只有甜美！

How to make

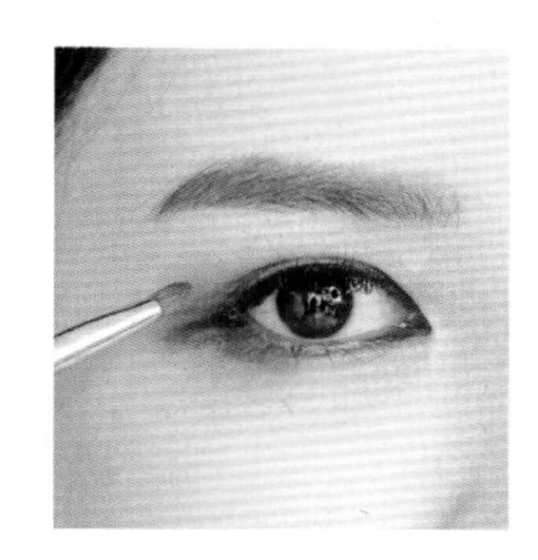

1 夹翘睫毛后，按压上眼影底膏。刷上雾面棕色眼影，让眼窝更加深邃。

2 以橘棕色作为眼妆主色调，向眼尾处延展晕染。

3 用眼线笔画好内眼线和睫毛根部空隙后，平拉拉长眼尾线条，并填补满眼尾三角区空隙。

4 用细线条的眼线笔描绘下眼头前1/4处，接近眼头内缘处。

5 在下眼影处用淡橘棕色眼影笔轻轻画上0.2厘米宽的线。

6 用深咖啡色叠压在眼尾下眼影后1/3处，加深眼角“く”字形。

7 用睫毛复活液作为底膏轻刷睫毛，接着叠刷上浓密型睫毛膏。

8 画出英气感眉形，眉峰至眉尾略宽，加深眉尾。眉头至眉峰宽度比眉峰少一两毫米，用眉笔轻轻描绘。

9 使用纤维少的睫毛膏，将眉头毛流轻轻向上刷出根根分明的毛流效果。

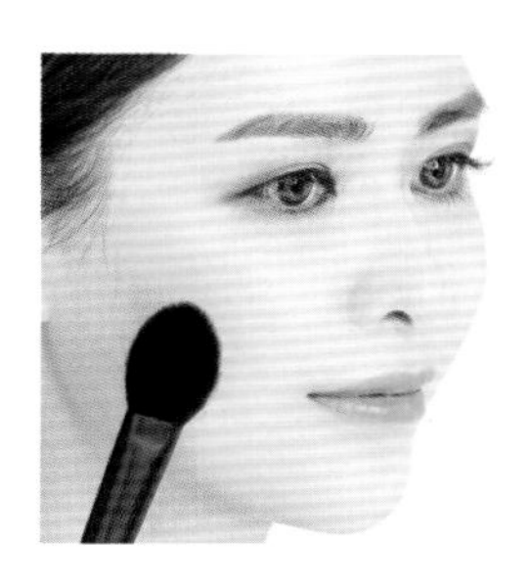

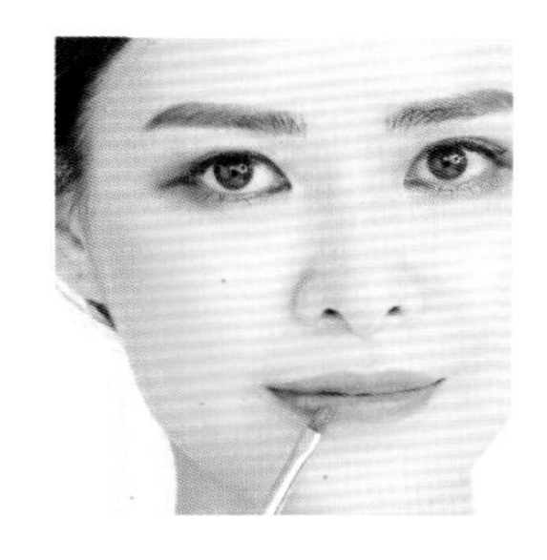

10 将肤橘色腮红刷在眼尾下方，再向后方以斜椭圆弧度刷开。

11 使用与腮红眼影同色调的土橘红色唇膏，让妆感更协调一致。

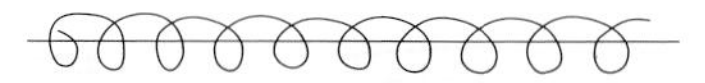

化妆焦点

★ “下眼影深浅层次晕染”及“拉长眼形”是带点叛逆感的眼妆重点。

★ 整体妆容以不张扬的色系呈现，妆效偏雾面，眼线则是妆容的重点。

★ 搭配雾面橘黄或橘砖色腮红及雾面土色唇膏，能更充分地表现整体效果。

彩妆产品

A VISEE 星灿诱色眼影盒 #BE-1
B INTEGRATE 超顺手抗晕染眼线胶笔 #BR620
C CHANEL 香奈儿防水眼线笔 #827
D 植村秀 武士刀眉笔 #06 橡棕
E MOTE MOTEMASCARA 职人匠意浓密纤长修护睫毛膏
F 3CE 单色腮红 #ROSE BEIGE
G MEMEBOX I'M MEME 我爱丝缎一口唇膏 #009

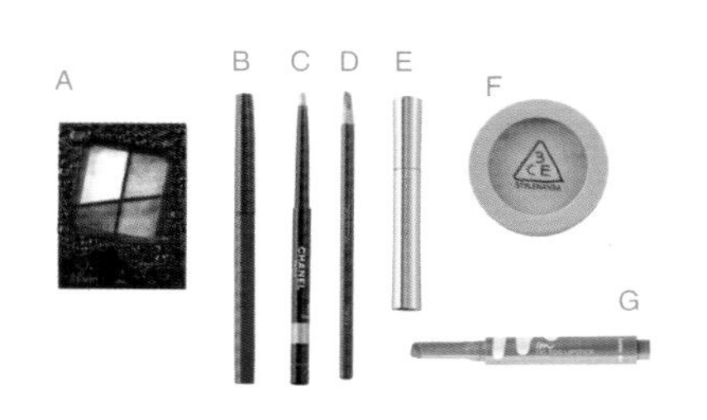

CHAPTER 03

性感度爆棚的打勾勾小猫眼妆

改变眼妆技巧，就有整型效果

ALICE TALK

扬起的眼线角度最能快速聚焦眼神，是营造自信神采的关键。重点在于浓郁的黑色线条在眼尾后平拉延长，并微微上提 30°，让双眸一整天都能保持微笑感十足的神采！

How to make

1 夹翘睫毛后，在上眼皮与下眼周薄搽按压控油底膏。

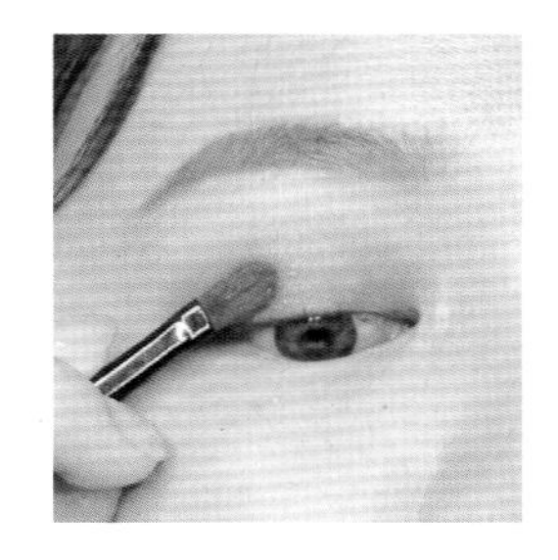

2 使用能加强眼窝立体度的浅雾棕色眼影，刷满整个眼皮，让泡泡眼看起来更深邃。

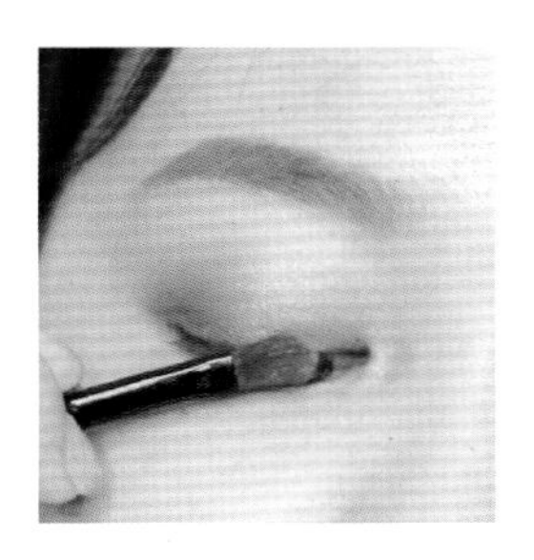

3 主色调眼影由下向上刷出渐层感。力度越轻柔，渐层越好看。

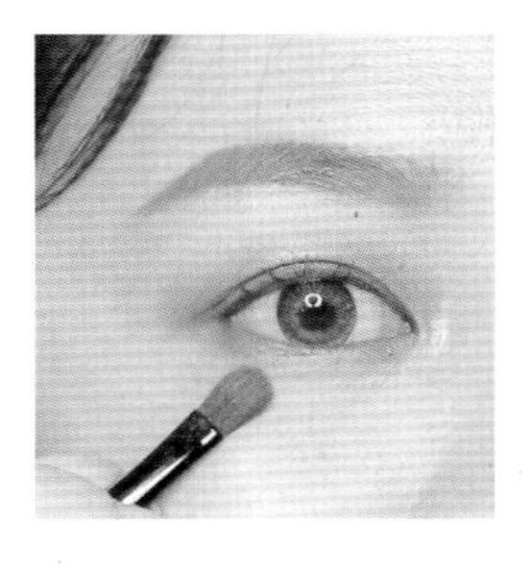

4 主色调余粉向下眼周轻轻扫过，晕染在后 1/3 眼尾处。

5 将极细的黑色眼线液描绘在内眼睑空隙及睫毛根部的空隙处，创造隐形内眼线。

6 找出眼头与眼尾两个焦点，想象两点连接，再从眼尾平拉画出约 0.5 厘米长的线条。从眼角向最后一个点画线，衔接形成小三角形。

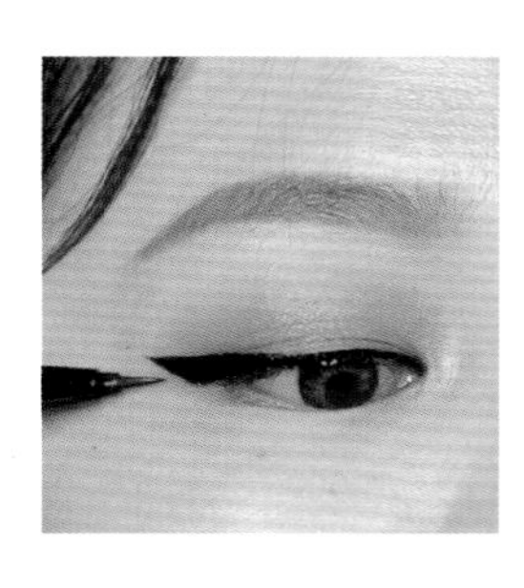

7 连接睫毛最后一段与眼线最外侧一点后，填补空隙处，再将眼尾线条平拉一小段并向上扬 30° 延伸线条。

8 将深色眼影叠刷在眼线上，从后向前晕染后 1/3 眼尾。

9 戴上 1 厘米假睫毛，通过假睫毛的延展效果放大眼睛。

10 用小眼影刷沾取浅色眼影，作为卧蚕色，点缀在黑眼球下方与眼头位置。

11 在眼尾与黑眼球下方轻轻拍上肤橘色腮红，接着向两侧画圆晕开，力度轻柔才不会有色块。

12 在眼尾至下巴的连线上，与鼻翼水平线的交叉处（刚好处于颧骨位置）刷上高光色，提亮效果最佳。

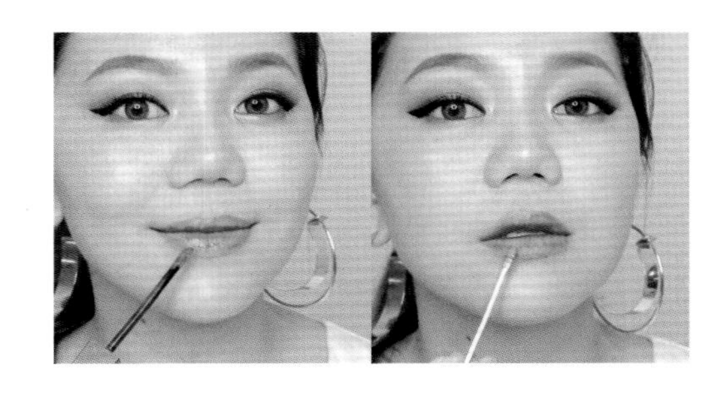

13 在唇部中央轻轻点上桃红唇釉，再用棉签晕染开，越向嘴唇边缘颜色越淡。

化妆焦点

★ 选用黑色眼线，让眼妆更具焦点及张力，眼影的颜色换成色淡而强调轮廓的雾棕色。

★ 将眼尾三角区填满，让眼线线条由粗收缩至最细，将眼形拉宽再上扬，能让眼妆更具有张力。

★ 可以先用尖头棉签沾取深色眼影，确定两边眼尾线条的高度，当线条画得不理想时，也可用尖头棉签调整精致度，最后用棉签沾取微量透明蜜粉，按压在眼线上定妆。

彩妆产品

A **CANMAKE** 多功能眼妆底膏
B **植村秀** 睫毛夹
C **Celvoke** 玩色光彩眼影盘
D **EXCEL** 绝色完美眼线液 #RL01
E **RIMMEL** 芮谜天生粉颊自然腮红 190
F **BURBERRY** 丝绒唇蜜 33 号
G **MAKE UP FOR EVER** 晶灿蜜粉 #1 粉肤金

A B C D E F G

内建打光板，高光霓虹光圈妆

ALICE TALK

具有立体感、闪烁着亮度的眼妆，一直是我妆容中的重点——眨眼时，不断放送令人难以忽略的光芒。学会找出眼妆深浅色位置后，通过前后眼影的深色晕染及亮色眼影的点缀，就能让原本浮肿的泡泡眼拥有深邃的轮廓。

How to make

1 在眼窝位置刷上淡淡的卡其棕色，增强眼窝处的阴影。

2 将桃玫瑰色眼影由下向上大面积晕染，接近眼窝时必须慢慢淡化。

3 将浅紫色珠光眼影点缀在眼球凸起处，增加立体光泽。

4 将棕咖啡色眼影画在下眼周，由后向前延伸，并将余粉轻刷到卧蚕下方，创造阴影感。

5 用极细的黑色眼线液，画出 0.2 厘米宽的眼线线条。为使眼影晕染效果更明显，眼线无须过分突出。

6 用浅珠光眼影作为卧蚕提亮色，轻刷在黑眼球与眼头下方。

7 贴上上下假睫毛，增加眼妆的层次张力。

8 沾取微量亮片眼影，按压在黑眼球凸起处，让眼妆的光圈光芒更醒目。

9 在眼尾与修容衔接处刷上肤橘色腮红。除了修容阴影，使用肤橘色腮红也能修饰脸形。

10 使用与眼影互相呼应的紫红唇色，会让妆容色调更加完整。

化妆焦点

★ 使用香槟金、玫瑰粉金和银色亮片都能让眼妆散发光芒。

★ 金属珠光明显的浅色眼影也可点压在眼皮凸出处，作为聚焦亮点。

★ 眼头和眼尾的深色晕染能让眼妆呈现眼形更圆的效果。

彩妆产品

A Anastasia 眼影 NORVINA
B EXCEL 绝色完美眼线液 #RL01
C RIMMEL 芮谜天生粉颊自然腮红 190
D M.A.C 唇膏 #CLARETCAST

CHAPTER 03

改变眼妆技巧，就有整型效果

让人眼前一亮，绝对抢眼的聚会妆

ALICE TALK

趁年末的狂欢聚会，为自己重新设定主题，尝试不同以往的风格，享受装扮的乐趣吧！常见的烟熏妆与大红唇，充满难以亲近的距离感，尝试一下注重质感的优雅聚会妆吧！

How to make

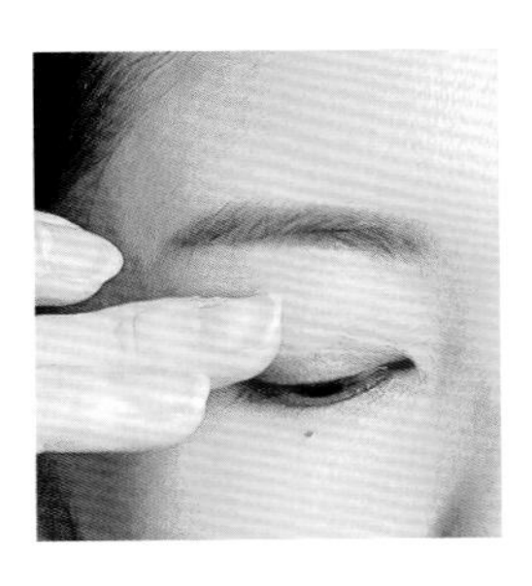

1 为延长眼妆妆效，先在眼皮上拍上眼妆打底膏，做好控油。

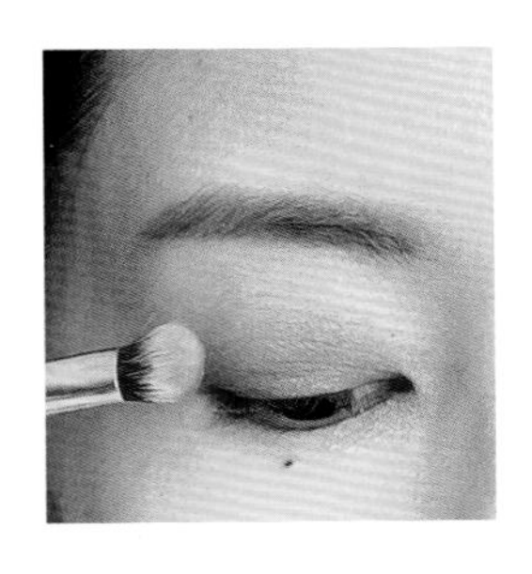

2 在眼皮上大面积刷上灰紫色眼影，由下向上晕染至眼窝前渐渐淡化，创造眼窝的深邃感。

3 用黑色眼线胶笔描绘眼线，拉长并上扬眼尾线条，让眼尾充满微笑感，可以加粗并补满黑色，增加华丽感。

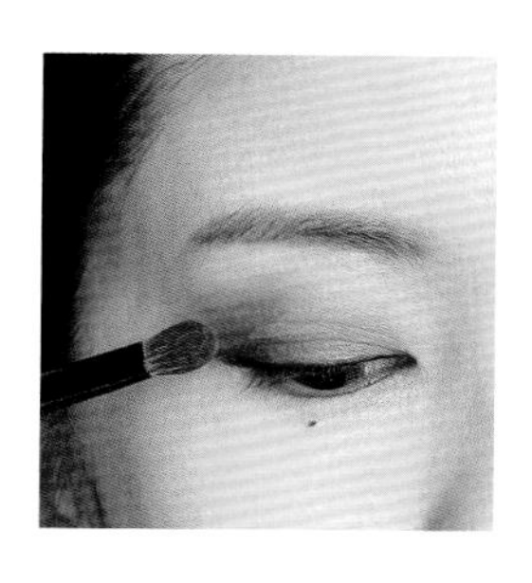

4 由后向前晕染深咖啡色眼影，让眼窝和眼角轮廓更具立体阴影。力度一定要极轻柔，才能将深色晕染漂亮。

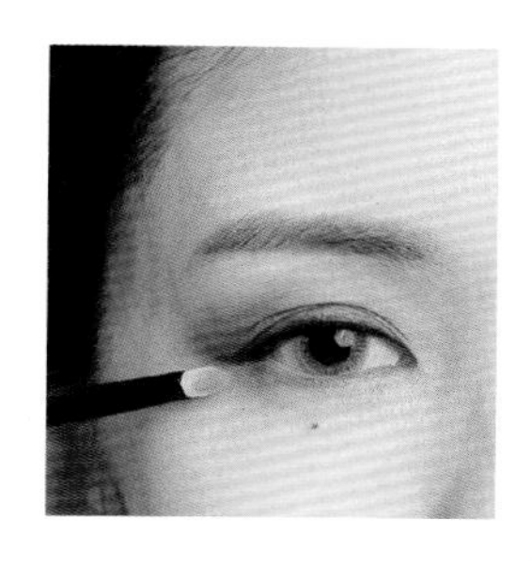

5 用深咖啡色眼线轻轻描绘上眼线，并且拉长眼尾线条，接着轻轻描绘下眼线边界。

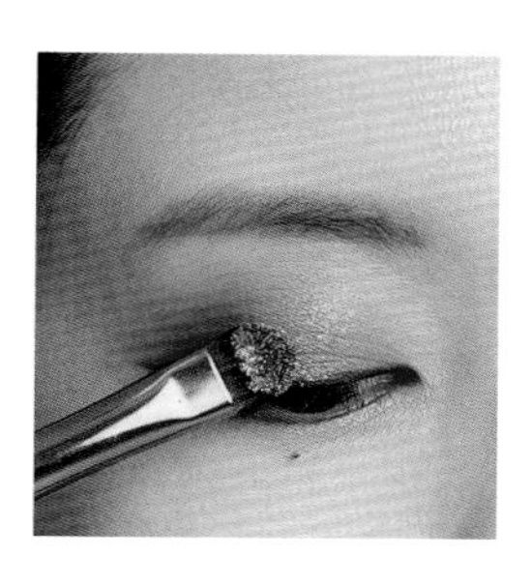

6 将跳脱肤色的冷紫色亮片点压在眼球的凸起处，然后用眼影刷沾取亮片，按压上色。

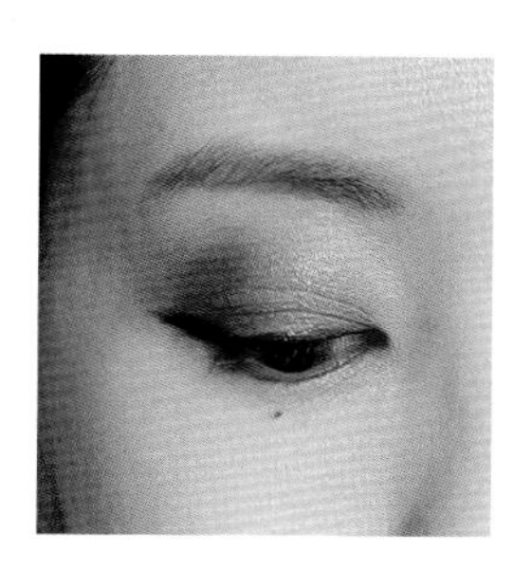

7 在眼球中央叠上优雅的冷紫色亮片，在夜晚灯光的照射下，眼妆更具放电魅力。

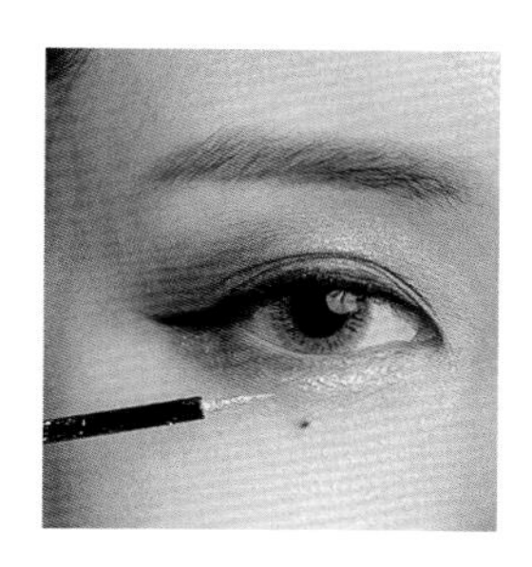

8 将亮片眼线液点缀在卧蚕处，让眼妆瞬间增加亮度。

9 用深咖啡色眉笔描绘眉形，越向眉头处颜色越淡，眉色可以稍微加深，搭配这款眼妆更协调。

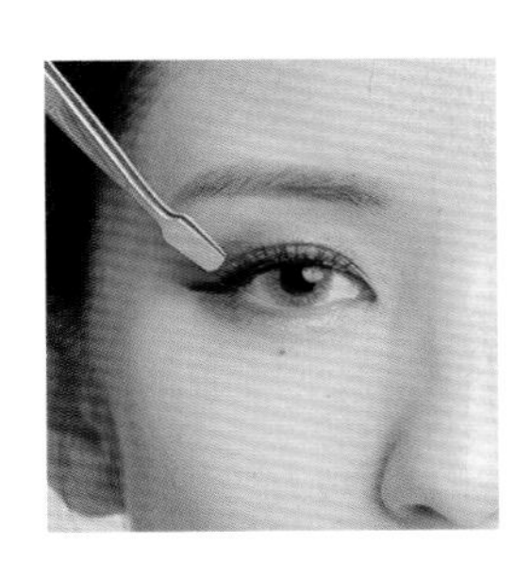

10 选择微长的1.2厘米假睫毛，以斜45°由上向下沿着睫毛根部贴上。

11 想让妆容更立体的话，不要省略这个步骤：在眼下三角区压上浅一色号的粉底，打造出脸部明暗分明的效果。

12 从脸部外侧、额头易出油的T字区刷上蜜粉定妆，再将余粉向中央扫。可以保留底妆原有的亮度，又能保持出油区的轻爽。

13 在颧骨突出处刷上修容后，向上刷至眼尾就停止。

14 在脸部轮廓线涂高光棒，加强妆感的立体效果。

15 选择知性优雅的茶玫瑰唇色，增添略带性感的女人味。

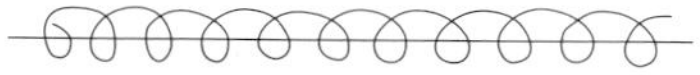

化妆焦点

★ 脸部妆容重点不宜太多，眼妆和唇妆醒目时，腮红可以淡化一些，避免全脸色彩互相抢戏。

★ 眼影晕染强烈时，搭配不同的瞳孔变色片，让眼妆色彩突出，妆感更完整、丰富。

★ 腮红的位置不宜太低，稍微高一些会散发更多青春气息。

彩妆产品

A Anastasia 眼影
MODERN RENAISSANCE
B Dejavu 眼线胶笔（黑）
C 3CE 亮片眼线液
D RIMMEL 芮谜腮红 190
E M.A.C 唇膏 #Brick Dust
F Kat Von D 腮红高光盘
G Hourglass 无痕亮彩高光棒

Chapter 04

绝对漂亮的主题妆

以优雅、漂亮、年轻的妆容，

呈现最美的你！

约会妆、略微浮夸的午宴妆、

悠闲放松的度假妆……

女人从来不是只有一面，

希望你都能试一试。

5分钟出门！分秒必争的快速妆容

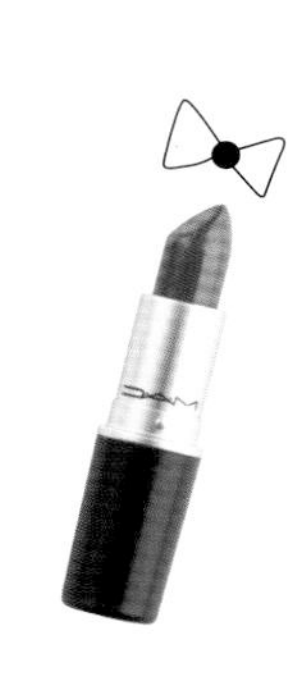

ALICE TALK

每天早晨起床时，好想多赖床 5 分钟啊！为了这 5 分钟，宁愿缩短化妆时间想必是大多数女孩的选择。怎样才能在最短的时间内完成妆容呢？那就选择焦点式上妆法吧！除了底妆外，我的做法是用能红润气色的唇彩先行上妆。通常使用莓果色加强神采，再点在腮红部位，就能让妆容瞬间充满好气色哦！

How to make

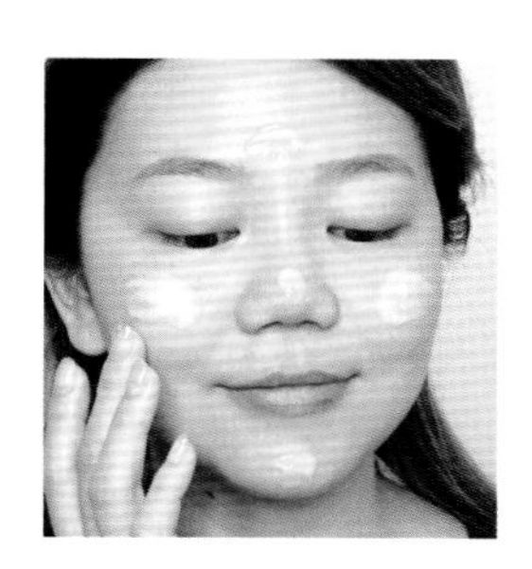

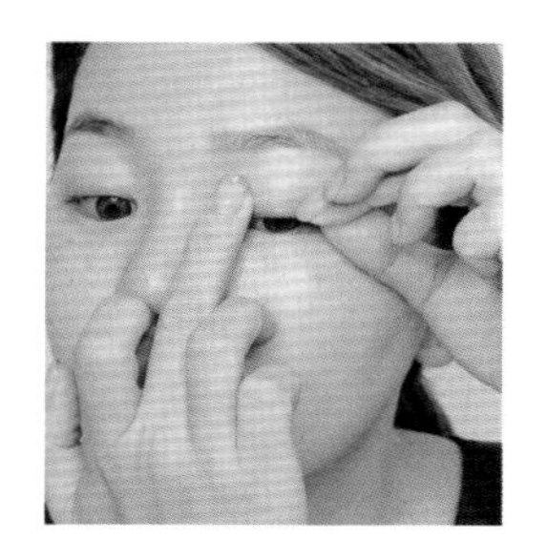

1 素颜时肤色不均且黯淡无光，且大小眼明显。

2 搽上补水效果非常好的保湿冻膜并按摩至吸收。

3 贴上双眼皮贴。双眼皮贴压住一端后，用点力向后拉再贴上，比较有张力，可校正大小眼的问题。

4 保养后拍上控油饰底乳，减少肌肤出油、暗沉的概率，干性肤质的女孩请选用滋润款。

5 用气垫海绵沾取少量粉底拍全脸，以弹压的方式，像盖印章般让粉底牢牢贴紧肌肤。

6 用橘咖啡色眼影笔轻轻画在眼皮上，再用指腹推开。

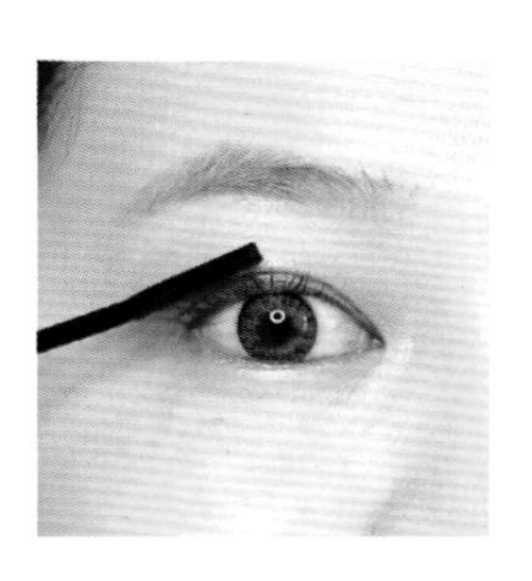

7 使用轻盈款睫毛膏，让细软的睫毛更浓密。

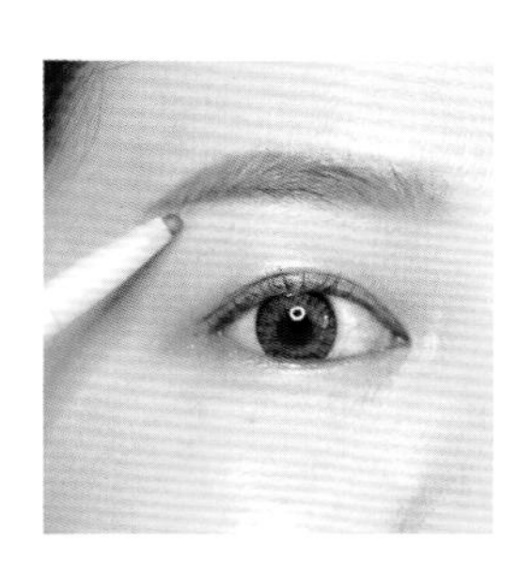

8 用眉笔轻轻描绘眉尾，再用螺旋眉刷向前刷开至眉头。

9 选用玫红色口红，先从唇中央上色，再用指腹轻轻向边缘匀开。

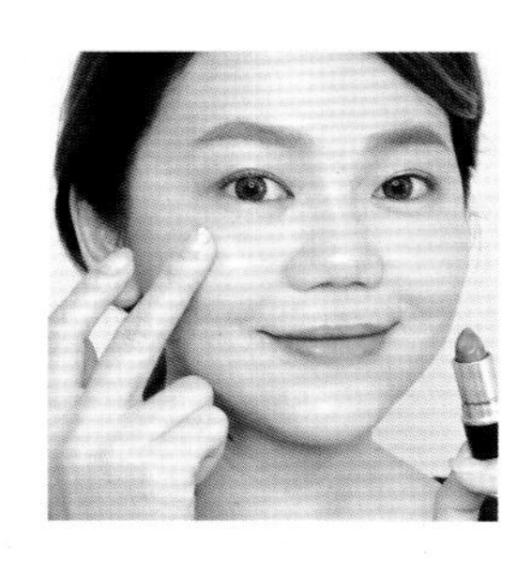

10 指腹上剩余的色彩可以轻点在脸颊处，让颜色晕开，打造红润腮红色。

11 蜜粉定妆。用蜜粉刷轻扫全脸，完成持久妆效。

化妆焦点

★不知该如何选择唇色？工作时最安全的色系是豆沙红。也可以搭配服装色系选择唇色：暖色调服装使用珊瑚橘，冷色调服装使用粉色。

★避免过油质地，用雾面、丝缎或唇釉类质地的唇彩作腮红，效果最好。

★唇膏与腮红同一色系，可以增加脸部的色彩亮点。脸上色系统一，妆效更加柔和。

彩妆产品

A Belif 斗蓬草高效补水面霜
B KOSE 雪肌精御雅琉光轻感妆前乳 #02
C 兰芝 玫瑰光双效气垫粉霜
D CHANEL 眼影笔 #127
E M.A.C 时尚专业唇膏 # C45
F THREE 凝光蜜粉
G JOURMOE 眉笔

百分百掳获男友心的情人节约会恋爱妆

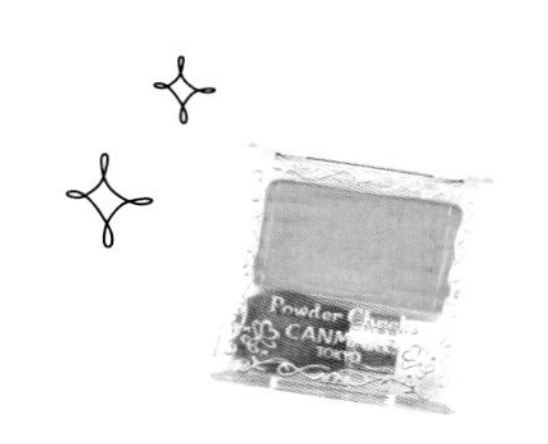

许多男生其实看不懂我们用心化的妆容。嘿嘿，那就最适合在约会时的妆容上偷藏点小心机，让自己看起来好像没化妆，但却很亮眼。挑选最能带出恋爱气息的粉雾感桃粉色是重点哦！

How to make

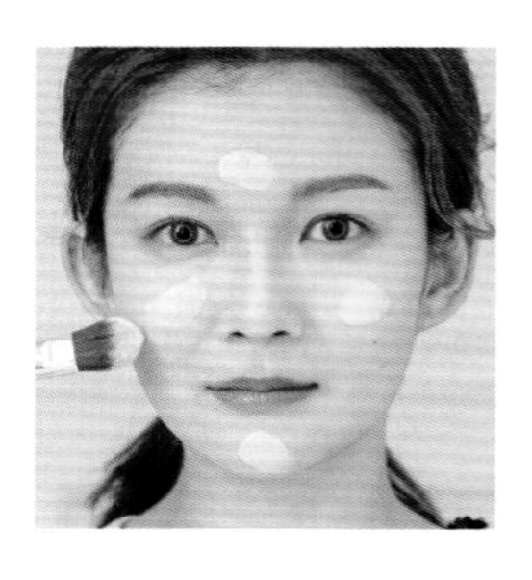

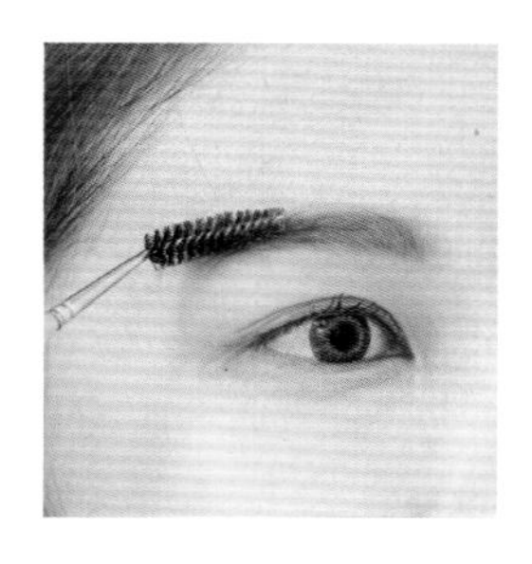

1 使用妆前乳后，用水润感粉底从脸颊中央区域向轮廓线延展匀开。

2 用浸湿后拧去多余水分的美妆蛋弹压，让底妆更清透服帖。

3 用螺旋眉刷整理眉毛毛流，将多余的杂毛修除。

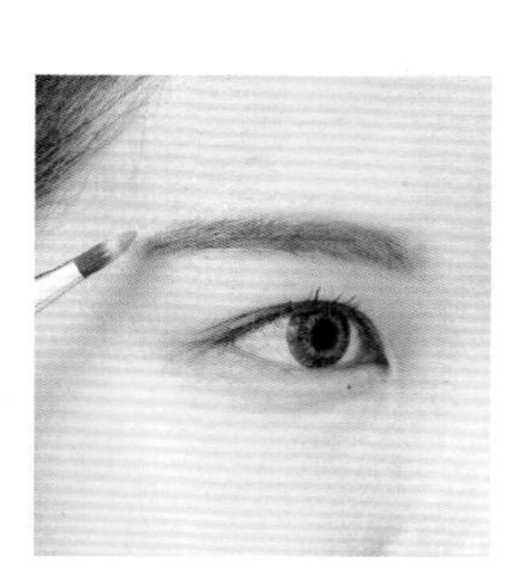

4 用眉笔描绘眉形，画出眉尾和眉峰后开始加深，余粉向眉头轻轻扫过。

5 用深咖啡色染眉膏先逆毛流刷，再顺刷，尽量不要碰到皮肤，避免卡色。

6 夹翘睫毛后，以橙汁橘色为主色，点压在眼褶内，再轻轻匀开边界。

7

用深咖啡色眼线胶笔画在睫毛根部与内眼睑处，眼尾平拉延伸0.2厘米即可，不必太长。

8

戴上自然款假睫毛，向上45°贴在睫毛根部，先贴在黑眼球突出处，再向眼头、眼尾处贴。

9

为增加眼神电力，可选用根根分明的下假睫毛款式，沿着眼形弧度贴在下睫毛根部边缘。

10

将深咖啡色眼影叠压在眼线上方，使眼神更为柔和。

11

选用带点可爱感的蜜桃橘腮红，轻柔地刷在脸颊上，靠近眼周处可以叠搽，以增加饱和度。

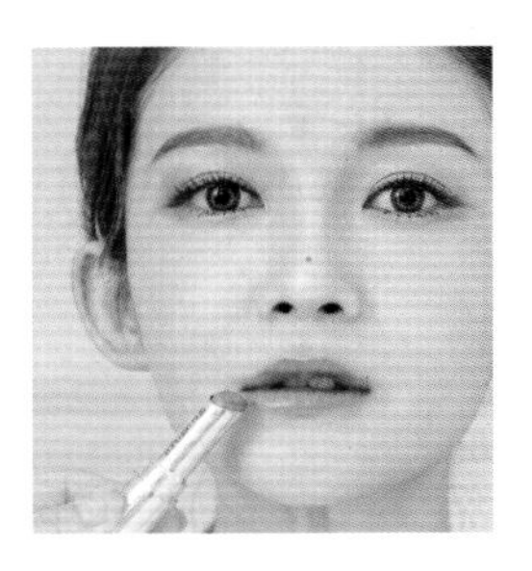

12

以跳出整体橘色系的玫瑰粉色唇膏点缀妆容，由内向外匀开至唇周。

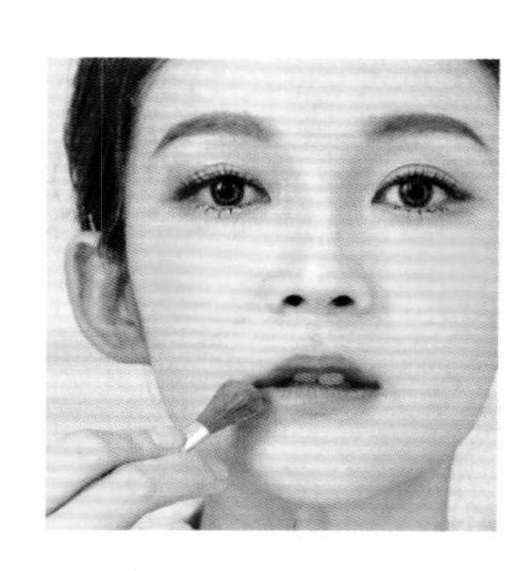

13 将蜜桃橘腮红轻轻刷在唇边缘，让唇形展现翘嘟甜美的柔美感。

化妆焦点

★ 用微微珠光浅粉色或浅薰衣草色提亮眼下与法令部位，即可拥有饱满水嫩的苹果肌。

★ 恋爱气息的甜美妆感应尽量避免使用金属光泽过重的高光，以粉嫩柔雾感为主。

★ 在唇妆部分，使用唇膏加腮红叠搽，可以让唇彩呈现柔雾质感，更添层次。

彩妆产品

A BECCA 眼底提亮遮瑕膏
B LANCOME 零粉感超持久粉底 #B-02
C INTEGRATE 立体光效四色眉粉盒 #BR631
D KATE 3D 时尚眉彩膏 #BR-1
E Anastasia Beverly Hills Norvina Eye 眼影盘
F INTEGRATE 超顺手抗晕染眼线胶笔 #BR620
G Miche Bloomin NO.03 纱荣子自然裸妆假睫毛
H DUP 长效假睫毛胶水黏着剂 #EX552
I CANMAKE 巧丽腮红组 #PW25
J 植村秀 无色限玩色水润唇膏 #BG931

女人是用耳朵恋爱的，而男人如果会产生爱情的话，

却是用眼睛来恋爱的。

——莎士比亚

兼具甜美、优雅，略带浮夸的正式午宴妆

ALICE TALK

最近一对一的主题彩妆课，除了日常妆容外，被点播次数最多的就是混血感眼妆。看似只有咖啡色系的眼妆，却暗藏了许多小重点。把焦点放在眉头下方的前眼窝小凹槽，以及眼头、鼻梁处的深邃轮廓晕染就对了。

How to make

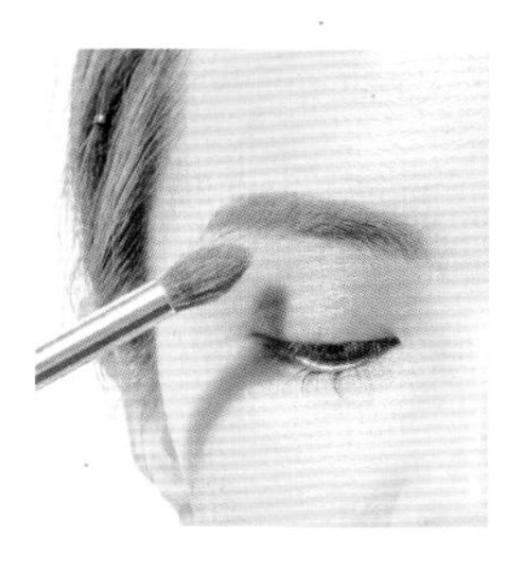

1 在眼窝位置刷上雾面土棕色眼影，加强眼窝的深邃感。

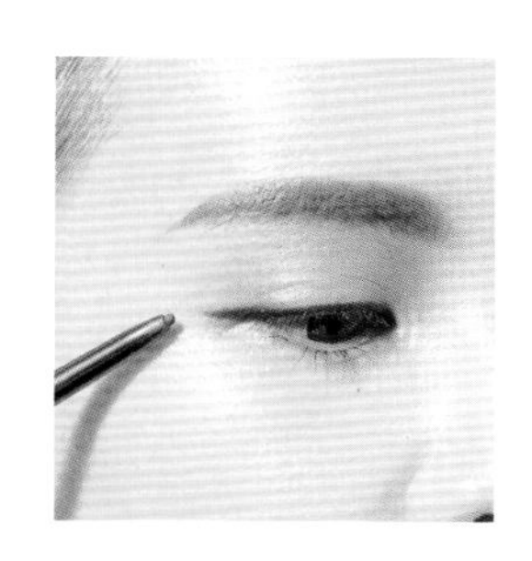

2 用眼线胶笔填补睫毛空隙，并向外延长。

3 用小眼影刷沾取深咖啡色，在眼尾三角区及眼头小三角区刷出前后渐层晕染。

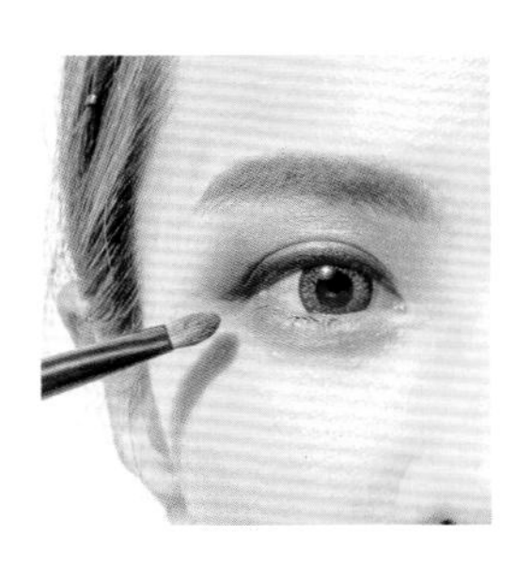

4 将棕咖啡色眼影画在下眼周，由后向前延伸。并用余粉轻刷至卧蚕下方，创造阴影感。

5 在眼球中央突出处，点压充满光泽的粉色亮片。

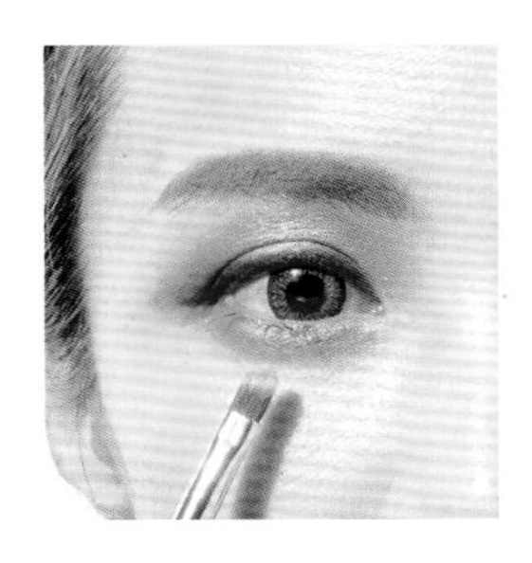

6 以粉紫色眼影作为下眼周的眼头和眼中前段的晕染色。

7 由上向下 45°，将睫毛梗贴在眼皮与睫毛衔接处。

8 下眼头以咖啡色眼线胶笔轻轻加强一小段眼线，强调眼头。

9 画完眼妆，回到底妆。在眼下三角区压上浅色粉底，增加底妆的立体感。

10 刷上土棕色腮红，让妆容不强调腮红的红润感，而展现瘦小脸形的妆效。

11 以浅雾咖啡色修饰鼻形。在鼻翼两侧画一正一反的L形，将鼻翼内侧填满。在鼻头画个V字形，将鼻头修饰出又窄又尖翘的鼻形。

12 使用衬托妆容的桃红色唇彩，颜色涂至唇形上方，稍微超出轮廓范围。

化妆焦点

★ 加强前眼窝与鼻梁的阴影，让五官轮廓更为鲜明。

★ 在鼻梁阴影与眼头眼框间的小凹槽处点压上提亮色，可以瞬间拉长眼形。

★ 鼻形修饰使用LV画法：在鼻翼两侧画L，收窄、增高鼻梁并且更立体，在鼻头前端刷V形修饰，创造尖翘感。

彩妆产品

A **Anastasia Beverly Hills** Soft Glam 眼影盘

B **INTEGRATE** 超顺手抗晕染眼线胶笔 #BR620

C **迪奥** 蓝星订制腮红盘 #263

D **M.A.C** 唇膏 #CLARETSAST

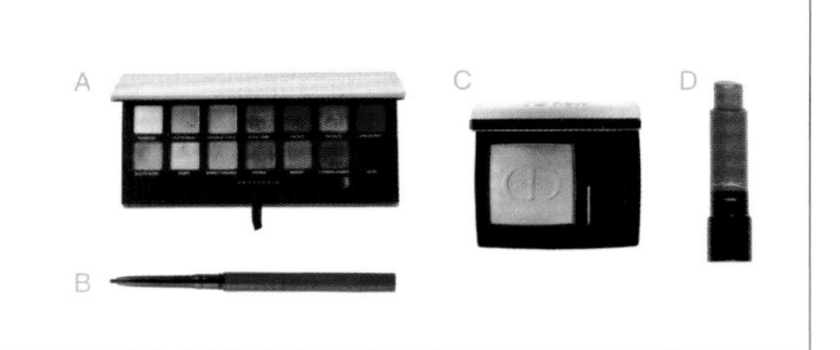

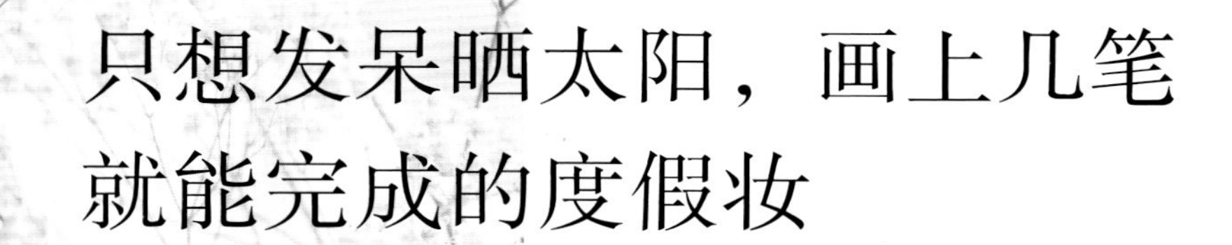

只想发呆晒太阳，画上几笔就能完成的度假妆

ALICE TALK

一放假就想抛弃平时习惯的一切，连妆容都想随心所欲、没有拘束。选择度假风的服装，再搭配风格相近的眼影色，化一款只用几笔就能完成的妆容，其余的时间都用来尽情放空吧！

How to make

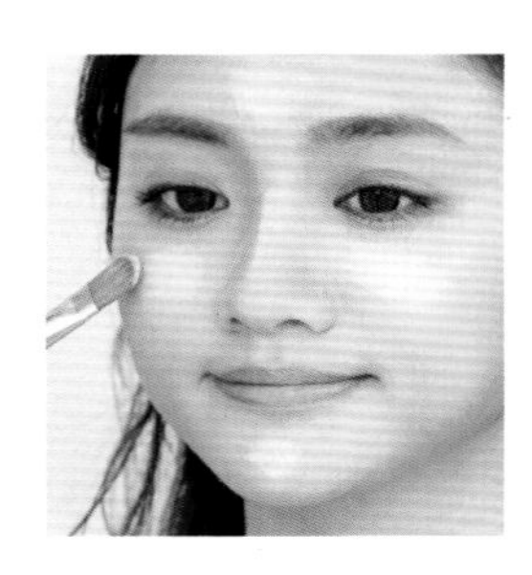

1 保养后，将控油饰底乳拍在易出油的T字部位，再向脸颊处拍按。

2 以明彩笔作为粉底液，刷在重点提亮区域后，用指腹拍开。

3 将剩余的粉底轻轻拍弹于眼周，特别是眼头和眼尾处。

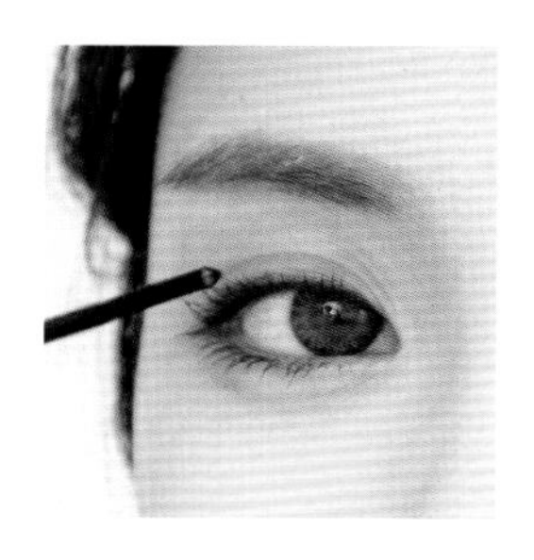

4 夹翘睫毛，刷上透明睫毛底膏，维持卷翘度。

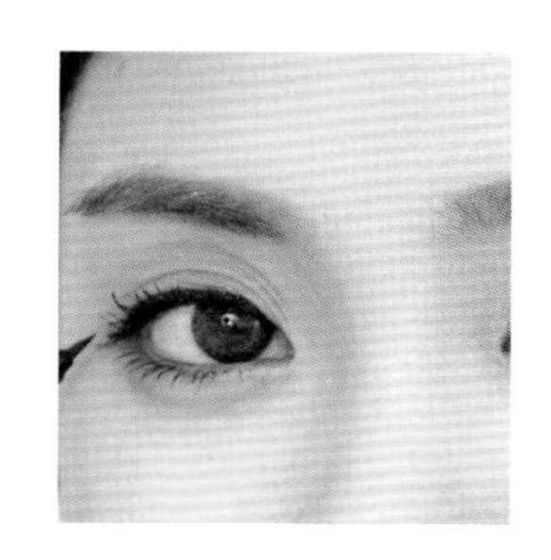

5 用眼线液在睫毛根部的空隙与内眼线处描绘，眼尾拉长 0.5 厘米。

6 将充满清新感的蓝色眼蜜刷在上眼皮上，再用指腹轻轻推开。

7 将深蓝色眼影叠刷在上下眼线处，轻柔地匀开边界。

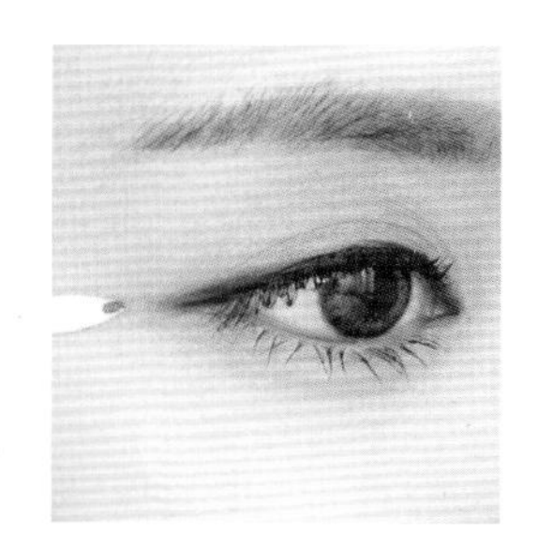

8 用尖头棉签沾取深蓝色眼影，柔化眼尾线条。

9 将温暖橘色调的古铜金高光轻拍在眼尾下方的颧骨处。

10 将修容笔刷在鬓角发际线和轮廓线处。

11 以修容用美妆蛋推开，向脸部内侧匀开。

12 将仿佛晒过太阳般温暖的红砖色刷在脸颊外侧，创造妆容的健康感。

13 搭配与蓝色眼影呼应的浅粉色唇膏，淡淡刷上一层即可。轻刷微量蜜粉于额头发际线和T字部位，再用余粉刷全脸。

化妆焦点

★ 为了更放松地享受假期，易出油的皮肤先用控油妆前乳打底，以延长妆容时效。

★ 舍弃甜美感腮红，改用温暖的古铜金高光创造阳光撒落在脸颊上的光晕感。

★ 眼影霜可以快速完成眼妆，但是画上后无法停留太久，需快速匀开边界。

一颗说走就走的心，一个会拍照的情侣，
一段甜蜜的旅程。

彩妆产品

- A 艾杜纱 高机能妆前修饰乳
- B YSL 明彩笔
- C SUQQU 晶采立体眼彩盘 # 夕茜
- D THREE 魅光眼彩蜜 #04
- E Canmake 睫毛复活液
- F EXCEL 绝色完美眼线液 #RL02
- G Dior 蓝星订制腮红盘 #263
- H Laura Mercier 高光盘
- I SUQQU 晶采立体亮妍棒 #03
- J GIORGIO ARMANI 奢华美唇订制唇膏 #508

换换微信的大头照，化个备受瞩目的闪闪光泽妆

ALICE TALK

你平均多久换一次微信的主图照片？不知不觉社交软件成了与朋友联系的最佳媒介。在网上翻看朋友的近况，已经成为日常必备的休闲方式，为自己的主图照化个风格独特的妆容，今天选用大热门的枫叶色系。

How to make

1 妆前喷上有加强肌肤保湿效果的玫瑰水喷雾。让肤况更稳定。

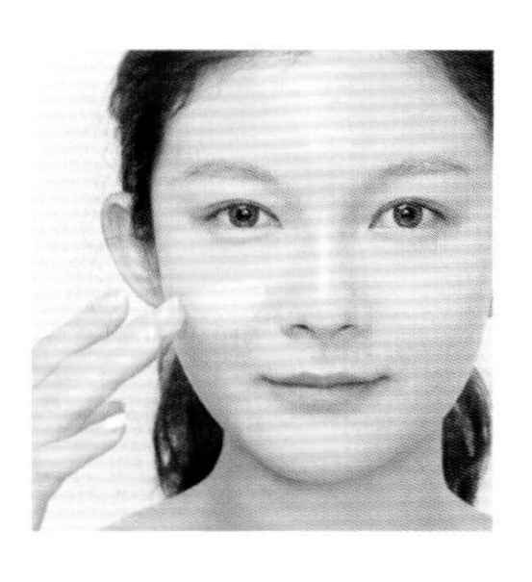

2 用妆前乳打底，由内向外晕开，让脸部中央最明亮。

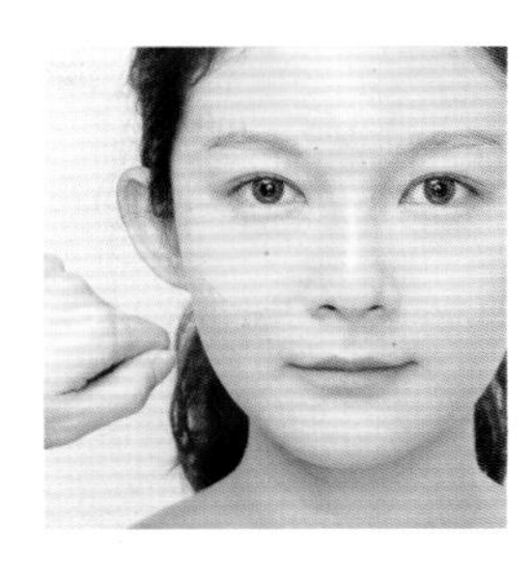

3 将美容油与粉底按 1 ： 2的比例调和，让底妆拥有迷人光泽感。美容油要选质地轻盈的，与底妆搭配效果最佳。

4 搭配利落干净的眉形，为延长眉形，眉峰向眼尾区域后移调整。

5 选用雾面咖啡色眼影，从眼窝向眼皮内侧轻轻刷过，并带到下眼影处，增加眼妆的深邃感。

6 用黑色眼线笔画在睫毛根部的空隙与内眼线处，并拉长眼尾线条。线条的角度向下降至眼头高度，让眼形看起来更圆。

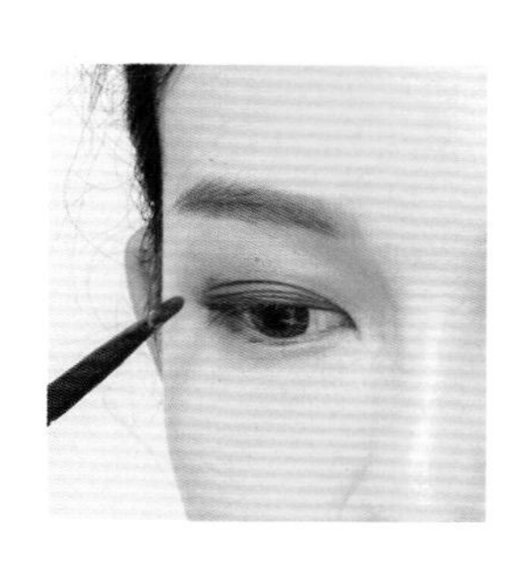

7 用小眼影刷沾取深色眼影，叠刷在眼线上方，并在眼褶范围内晕开。

8 戴上1厘米自然款假睫毛，加强睫毛的浓密感。放置假睫毛时，手尽量抬高再向下放，睫毛更翘。

9 沾取蜜粉，由外向内定妆，越到脸颊处分量越少，保留底妆的光泽。

10 在脸颊上大面积刷上带蜂蜜感的土黄色腮红，让腮红呈现不同以往的趣味感。

11 用小松刷沾取高光色，刷在脸部轮廓线上（眼尾至下巴的连线，只需刷至鼻翼水平线高度即可）。

12 选用大热门的南瓜色系唇彩，让脸上的妆容色彩呈现不同层次的大地色系。

13 以南瓜色唇彩打底，再叠刷上高饱和度的橘色雾面眼影。这是我近期最爱的化法，比一般底妆拥有更多细节层次。

化妆焦点

★拍照为主的妆容，可以多次叠搽腮红，因为相机会淡化上色饱和度。

★想让妆容亮眼又不过于张扬？眼妆较淡时，选用稍微低调却很显白的番茄红唇色最适合。

★以眼线增添妆容的大眼张力，想创造无辜迷人的眼形时，可以试试将眼线向下画至低于眼头高度。

彩妆产品

A **醒寤** 化妆水
B **黛珂 AQ WN** 晶致妆底精华露
C **醒寤** 光采油
D **La Prairie** 鱼子精华修护粉底
E **Laura Mercier** 12 色眼影盘
F **INTEGRATE** 超顺手抗晕染眼线胶笔 #BK999
G **Miche Bloomin NO.03** 纱荣子自然裸妆假睫毛
H **THREE** 蜜粉
I **Celvoke** 玩色立体光感修容盘 #05
J **L' Oréal** 奢华皮革订制唇膏 #640
K **3INA** 时尚超瞩目眼影 #107

眼镜女孩必学！大胆玩色，聚焦眼神的俏丽妆容

ALICE TALK

如果每天都要长时间盯着电脑，当然还是戴上眼镜舒服，但是戴眼镜适合什么样的妆呢？答案是提升亮点化妆术！眼镜属于脸上的重点配件，那就让妆容只留下大焦点与之搭配吧！

How to make

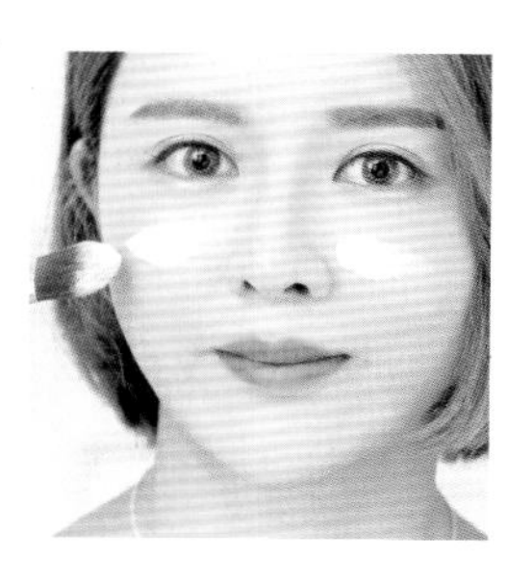

1 选择提亮型妆前乳，从脸部中央向外匀开拍按。

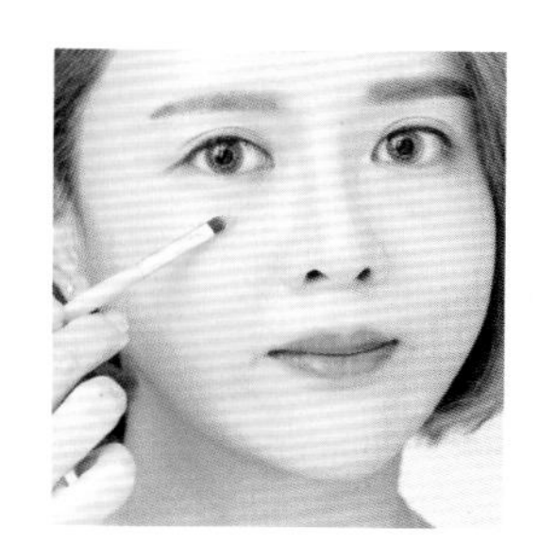

2 由黑眼圈最深的边界开始，用蜜桃橘色遮瑕膏修饰，越靠近眼周厚度越薄。

3 粉底液由中央提亮区匀开后，向外匀开。

4 用美妆蛋弹压。摆动手腕，力度均匀地按压在脸上。

5 用浅色眼影笔在眼皮上轻刷，让底色呈现淡淡光泽。

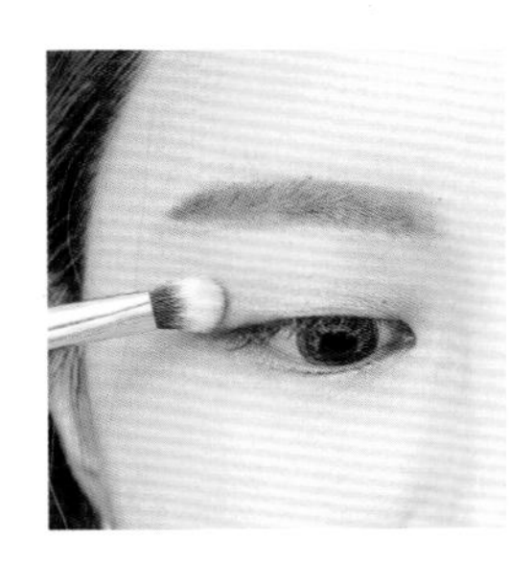

6 轻刷上柠檬黄眼影，提亮整个妆容色彩。

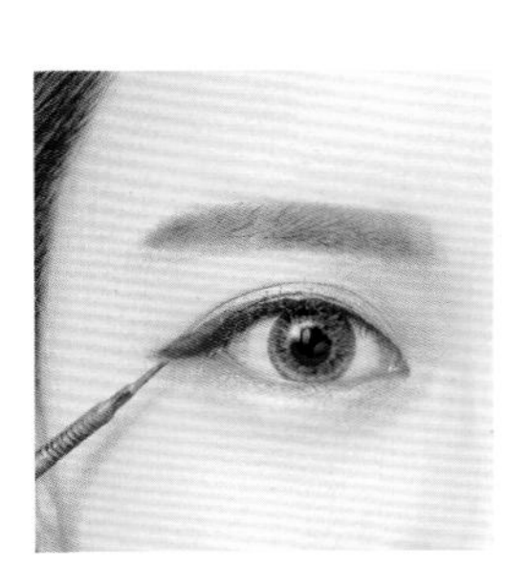

7 用俏丽的金属光玫红色眼线液点缀在上眼线位置。

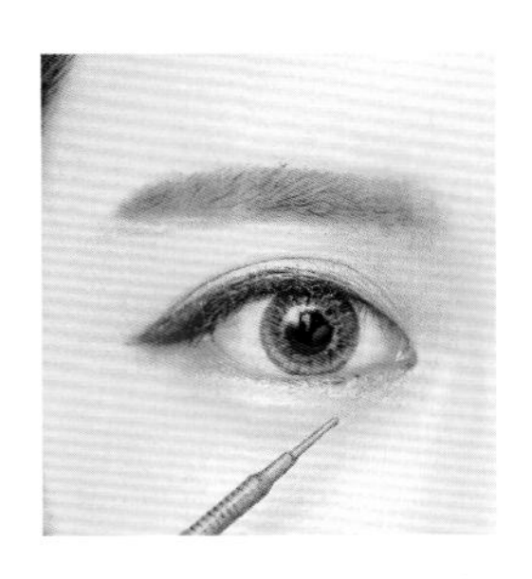

8 眼头前 1/3 处也刷上细细的玫红色眼线液。

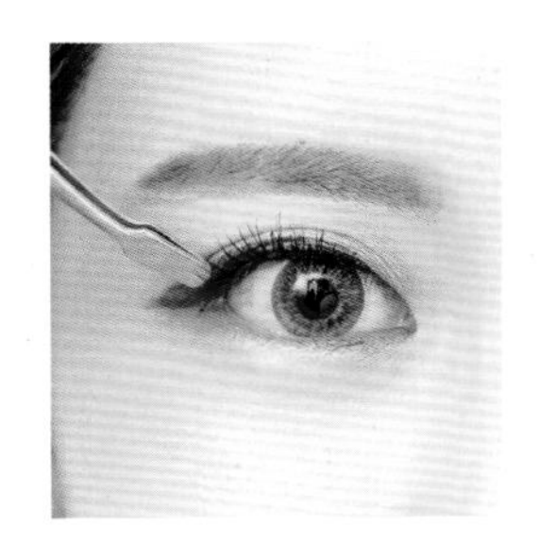

9 即使戴眼镜，也可以贴上最自然的 0.8 厘米假睫毛，强化眼神。

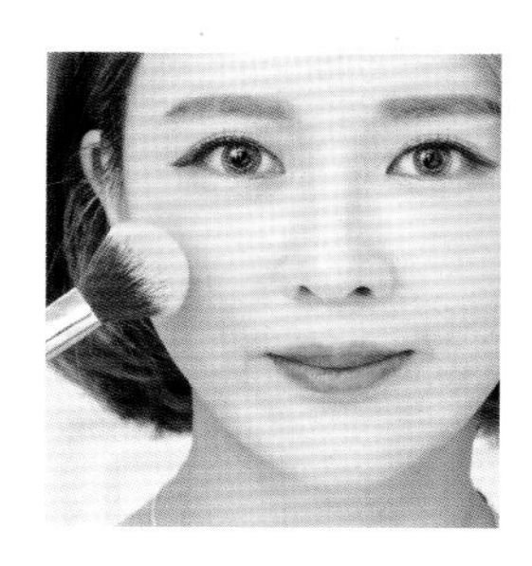

10 将蜜桃色腮红大面积刷在脸颊处，营造粉嫩可爱感。

11 为搭配眼妆的黄色调，唇彩以橘红色为主。

化妆焦点

★眼镜妆容适合搭配柔雾陶瓷肌底妆，避免过多亮度，造成脸上焦点过多。

★眼妆不要画太多层次，让眼神焦点放在出色的眼影与镜框上。

★戴眼镜时，眉形不宜太粗，免得有眉压眼的视觉压迫感。

彩妆产品

A **曼秀雷敦** 水润肌柔光透亮防晒饰底凝露
B **Solone** 妆前亮眸笔
C **Tarte** 海洋森林滴管粉底液
D **Moonshot** The First Moon Drawing - AIRY #1603 珍珠金色眼影笔
E **ADDICTION** 瘾伶风格眼彩盘 #001
F **KATE** 玫红色眼线液 color jack RD-1
G **Miche Bloomin** NO.3 纱荣子自然裸妆假睫毛
H **DUP** 长效假睫毛胶水黏着剂 #EX552)
I **CANMAKE** 巧丽腮红组 #PW25
J **3CE** 单色腮红 #COMMON TIME

炎炎夏日，让妆感持久的优雅降温妆

ALICE TALK

泛红肌肤女孩请注意！每到夏季，温度一升高，脸就容易红彤彤，泛红散不掉？善用绿色，可以让泛红肌恢复成正常肤色。另外，搭配浅冷粉光高光，凸显脸部立体度，脸上的妆容色彩也会更干净、清新哦！

How to make

1 使用薏仁水湿敷 3 分钟，让肌肤的温度先降下来。

2 使用补水型精华（挤压 3 下的量）按摩全脸。手劲轻柔，避免过度用力，会让肌肤泛红问题更明显。

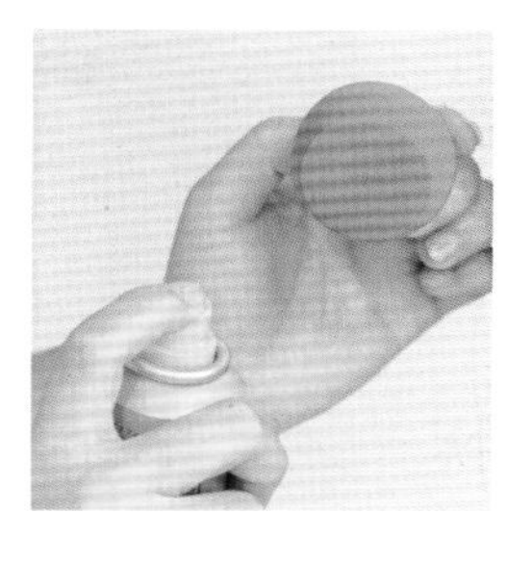

3 美妆蛋冲水后，用纸巾压去多余的水分。在美妆蛋表面喷上清凉型喷雾，再拍打全脸。

4 通过上述能带来凉感的保湿保养步骤，为泛红肌降温，才能让妆容更服帖。

5 使用绿色妆前乳，将泛红处校正为正常肤色。

6 选用米黄色粉底，可以淡化泛红的肌色，由内向外抹开。

7 在距脸部 15 ~ 20 厘米处喷上水感保湿定妆喷雾，让水分自行吸收，无须拍按。

8 夹好睫毛后，使用卡其金棕色眼影，加强眼妆的轮廓。

9 用同色系眼影画下眼影，增加眼妆的完整度。

10 画上咖啡棕色眼线，拉出 0.3 厘米长的眼尾线条，刷上睫毛膏。

11 涂上薄薄一层米黄色粉底，加强眼下三角区亮度，再轻轻薄刷一层蜜粉定妆。

12 脸部持续泛红的话，刷上淡淡苹果绿腮红校正红感，省略刷普通腮红步骤。

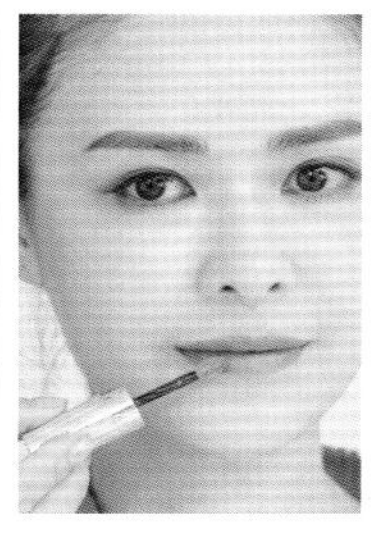

13 在脸形外侧刷上阴影修饰，让苹果肌的亮度更明亮。使用色彩饱和的桃红或橘红色唇彩，为妆容增添聚焦亮点的色彩。

化妆焦点

★ 大面积泛红或发炎、痘痘肌适合使用绿色妆前乳校正肤色，微微泛红的一般肤况只需要用米黄色调妆前乳修饰即可（暗沉蜡黄肤况请选择紫色妆前乳）。

★ 泛红肌肤若是没有将肌肤温度降下来，底妆容易浮浮的，无法服帖。

★ 泛红情形明显时，可以在粉底液中调入少量绿色遮瑕膏，让粉底带有微亮绿色调，以修饰过红肤况。

彩妆产品

A **Imju** 薏仁清润化妆水
B **碧丽妃** 温感冰沁气泡露
C **M.A.C** 妆前活力水喷雾
D **KOSE** 丰靡美姬・幻妆无瑕
水精华粉底液 #BO305
E **M.A.C** 时尚九色眼影盘
#Semi-Sweet Times Nine
F **NARS** 双色眼影 #St-Paul-De-Vence
G **Elizabeth Quealy** 三色遮瑕霜
H **CHANEL** 香奈儿防水眼线笔 #827
I **兰芝** 彩妆师焦点双色颊彩 #2 Peach Mint
J **MISSHA** 名模小脸神器修容盘
K **SUQQU** 晶采艳色唇膏 #12 百合橙

穿搭不得体，人们会记住你那件衣服；穿着合宜，

人们则会记住穿那件衣服的女人。

——香奈儿

让五官更精致迷人的
绝对小颜妆

ALICE TALK

聚会时只要拍合照，拿手机的人就会突然发现身边的人都跑到身后了。手机镜头多数为广角镜头，站在最前面的人，通常脸会被放大，这时脸最小的女孩就会被推出来掌镜。其实只要学会修饰脸形，画出立体妆感，站在镜头最前方，也能展现自在、自信的笑容。

How to make

1 用米色妆前乳提亮肤色，再用贴近肤色的粉底液均匀肤色。

2 使用微微湿润的美妆蛋弹压拍按全脸。

3 用眉粉填补毛流空隙，描绘自然眉形，由眉尾色浓至眉头色淡。

4 在上眼皮处大面积刷上冷色调灰棕眼影，让眼妆更加深邃。

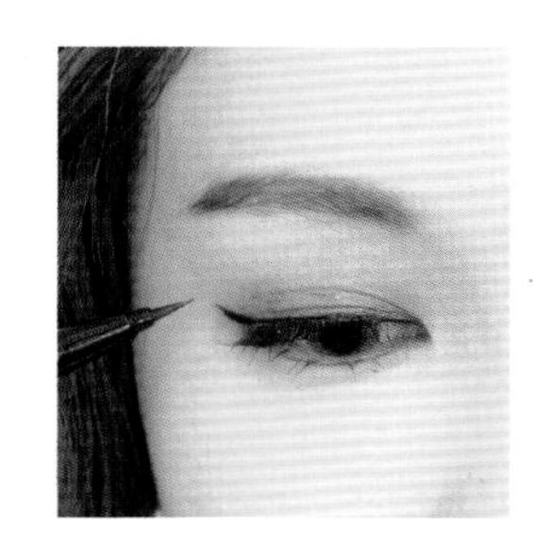

5 用眼线液填补内眼线与睫毛间空隙，并拉长眼尾约 0.5 厘米。

6 用小眼影刷沾取深棕色，画在眼尾后 1/3 的三角区，由眼尾向前晕染至眼白 1/2 处。

7 将深棕色余粉轻轻刷在下眼影眼角位置。

8 用香槟金色的珠光眼影笔轻轻刷在卧蚕处，当作高光。

9 眼下三角区用比肤色浅的粉底，薄薄地打上高光，强调底妆立体感。

10 在鬓角处与下巴轮廓处刷上修容膏创造阴影，用修容刷由外向内刷开色块边界。

11 将土砖色系腮红拍在眼尾下方，作为颧骨修饰色，以打圆方式匀开至黑眼球下方淡化，让脸形更窄。

12 在脸部轮廓线（眼尾至下巴连线，刷至脸颊即可）刷上高光。

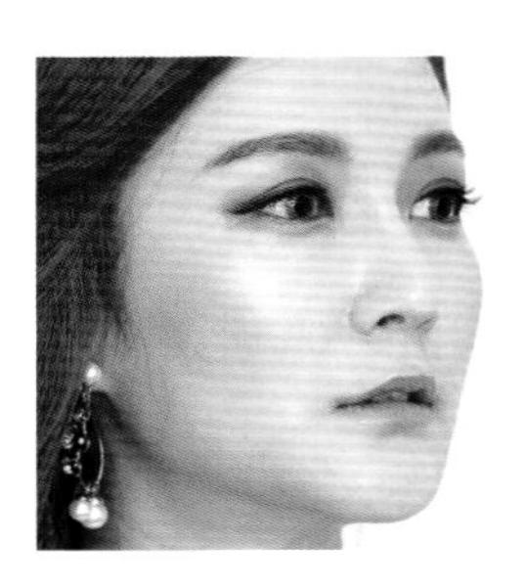

13 通过高光与修容的修饰，让脸部呈现更清晰的明暗线条。

14 挑选性感的暗红色唇彩，加强妆容整体印象。

化妆焦点

★挑选雾面无光泽的土砖色修饰型腮红，晕染在颧骨高点处，可以让较宽的脸形看起来变窄、变瘦。

★修容时的力度一定要轻柔，同一方向叠刷，不要来回刷。

★以斜角刷沾取修容饼，在鬓角向下巴延伸线上，从鬓角刷至眼尾边缘，颜色渐渐淡化，同一方向不断叠搽，以达到想要的阴影修饰效果。用斜角刷由咀嚼肌下方与脖子的衔接处开始向上刷出阴影，让轮廓线更清晰。

彩妆产品

A KOSE 雪肌精御雅琉光轻感妆前乳 #02
B RMK 水凝粉底霜 #201
C ADDICTION 瘾伶风格眼彩盘 #006
D EXCEL 绝色完美眼线液 #RL01
E SUQQU 晶采立体亮妍棒 #03
F Elizabeth Quealy 三色遮瑕霜
G SUQQU 晶采净妍颊彩 #09 彩阳炎
H Laura Mercier 高光盘
I THREE 诗情雾光唇漾 04

让人舍不得移开目光的海报女主角妆

ALICE TALK

每次上课时只要教到高光步骤，女孩们就会兴奋不已地在镜子前转动头部，端详自己的脸，想一直看脸上的那道迷人光泽，我称这道光为“钻石光”。使用两种不同风格的粉质高光，选对高光位置，就能轻松散发名媛级的迷人光芒！

How to make

1 用米色妆前乳提亮肤色，为持妆度做好底妆基底。

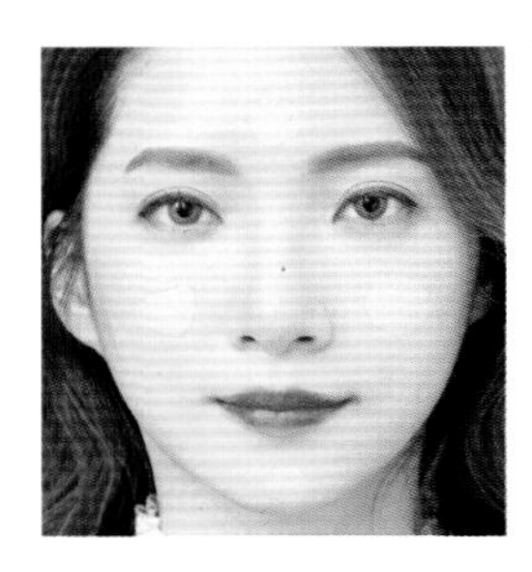

2 用贴近肤色的粉底液均匀肤色。

3 用柔和的粉红色眼影，在上眼皮处轻轻刷出渐层感。

4 为眼妆增添亮眼色调，在眼尾压上靛紫色，由眼尾向前晕染至眼白一半处。

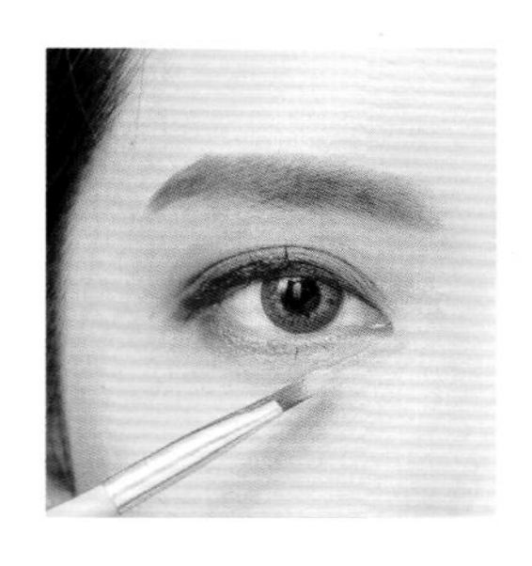

5 用浅色珠光眼影点缀在下眼头卧蚕处。

6 用深咖啡色眼线笔画出上眼线后，眼尾线条向斜下方延伸，让眼妆更圆。

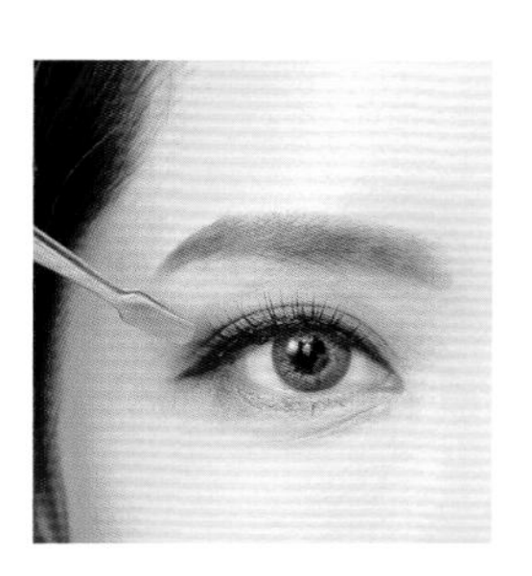

7 将假睫毛以斜45° 由上向下贴在睫毛根部。

8 用高光棒刷在脸部轮廓线上，轻涂在脸上，再以指腹晕开边界。

9 将浅粉色腮红刷在眼下三角区，向前晕开，让苹果肌更粉嫩。

10 刷上抢眼的桃红色唇彩，让肤色更显白皙。

化妆焦点

★ 使用闪粉类高光，可以膨胀苹果肌的光泽，填补泪沟下的微微凹陷处。

★ 闪粉高光有很多的色系选择，最适合日常使用的是香槟金、淡粉红闪粉。

★ 避免在正面脸颊处刷过量闪粉，这个部位适合细致贴肤的微雾高光。

彩妆产品

A Tarte 海洋森林滴管粉底液
B Solone 妆前亮眸笔
C Anastasia Beverly Hills Norvina 眼影盘
D Anastasia Beverly Hills Soft Glam 眼影盘
E INTEGRATE 超顺手抗晕染眼线胶笔 #BK999
F Miche Bloomin NO.03 纱荣子自然裸妆假睫毛
G DUP 长效假睫毛胶水黏着剂 #EX552
H HOURGLASS 女神高光棒 #Champagne flash
I ILLAMASQUA 腮红 #katie
J TOM FORD 漆光黑管唇釉 #NO VACANCY

酒精浓度 16% 的微醺红酒妆

ALICE TALK

周五是假期前的放松夜晚，最适合啜饮红酒，微醺一番，放肆地享受与朋友聚会的愉悦。如果是一喝酒就全脸红彤彤的女孩，快来学习这款妆容，让你微醺时也能保持优雅的神态。

How to make

1 喝红酒也会脸红的话，可以先用绿色妆前乳打底，避免泛红情况过于明显。

2 上粉底前先遮盖黑眼圈，用遮瑕刷沾取蜜桃橘色校正暗沉处，再用笔刷侧边轻轻向眼角拍，然后用海绵按压。

3 选用遮瑕性较强的粉底，薄量按压在脸部中央，再向外延伸。

4 将深色眼影刷在眼褶与睫毛根部处，并往外平拉延伸 1.5 厘米，创造眼形张力。

5 下眼周同样使用深咖啡色，框起眼尾三角区，并填满内侧空隙。

6 将浅咖啡色刷在眼窝位置，再将余粉向眼皮中央扫过。

7 将黑色眼线液叠画在深色眼影上，让拉长的眼形更有层次。

8 在下眼头前 1/4 处使用深咖啡色眼影，打造拉长眼形的假眼头效果。

9 要增加眼神张力，又不宜用过浓过长的假睫毛，选用 1 厘米长的假睫毛即可。

10 将浅色闪粉眼影画在卧蚕处，稍加提亮即可，无须重点强调。

11 为配合眼妆，拉长眉形，并用深咖啡色雾面眼影增加眉毛的浓密度。

12 眼下三角区的明亮度最为重要，将遮瑕蜜轻拍在提亮区，薄涂即可。

13 蜜粉由外向内侧压按定妆，越到脸部中央，粉量越少，T字部位最需要压得密实，分量也要足够，才能延长妆效。

14 颧骨向眼尾部分轻刷修容粉，同一方向重复叠刷，不要来回刷。

15 在脸部轮廓线刷上带有古铜光泽的高光，代替腮红，避免妆容太多重点。

16 用红唇搭配眼妆，描绘清晰唇形，让妆容的气势更强烈，嘴角的弧度可以微微上扬。

化妆焦点

★ 遮瑕性较高的粉底可以修饰因酒精引起的泛红肤况，薄量叠搭才不会显厚重。

★ 省略腮红，以呈现明亮感的底妆作为重点。

★ 高光饼选用微带金属光泽的，在灯光折射下更加迷人闪耀。

彩妆产品

A 1028 超控油透亮妆前乳（绿）
B SUQQU 晶采光艳粉霜 002
C 三善 四色遮瑕盘
D Laura Mercier 12 色眼影盘
E EXCEL 绝色完美眼线液
F Miche Bloomin NO.03 纱荣子自然裸妆假睫毛
G NARS 遮瑕膏
H THREE 蜜粉
I MISSHA 名模小脸神器修容盘
J Laura Mercier 微光炫采盘三色组
K L' Oréal 奢华皮革订制唇膏 #294